经典珍藏版
XIN LING HUI SOU ZAN
JING DIAN ZHEN CANG BAN

U0729378

坏心情
被人误会
失恋的痛苦 不再信任任何人 看他十分不顺眼 恨
吃喝嫖赌 考试发挥失常 被小人暗算陷害 懊恼工作没起色
好高骛远心高气傲 下岗 嘲笑谩骂 被男朋友甩他却迅速找到新欢
脏话 被好朋友出卖

嫉妒自卑
浮躁骄傲 坏心情
急功近利
遭挫不前
情绪化

X HUI SHOU ZHAN
XIN LING

王贤宇◎著

心灵回收站

修复心灵的漏洞 安装爱的补丁

当代世界出版社

图书在版编目（CIP）数据

心灵回收站：修复心灵的漏洞　安装爱的补丁/ 王贤宇著．—北京：当代世界出版社，2011.7

ISBN　978-7-5090-0704-4

Ⅰ.①心… Ⅱ.①王… Ⅲ.①心理学—通俗读物 Ⅳ.①B84-49

中国版本图书馆 CIP 数据核字（2011）第 022856 号

書　　名：心灵回收站：修复心灵的漏洞　安装爱的补丁
出版发行：当代世界出版社
地　　址：北京市复兴路 4 号（100860）
网　　址：http：//www. worldpress. com. cn
编务电话：(010) 83907528
发行电话：(010) 83908410（传真）
　　　　　(010) 83908408
　　　　　(010) 83908409
　　　　　(010) 83908423（邮购）
经　　销：新华书店
印　　刷：北京京海印刷厂
开　　本：710 毫米×1000 毫米　1/16
印　　张：14
字　　数：240 千字
版　　次：2011 年 7 月第 1 版
印　　次：2011 年 7 月第 1 次
印　　数：8000 册
书　　号：ISBN　978-7-5090-0704-4
定　　价：28.00 元

前 言 Foreword

心灵是一个人的根，人们的观念在心灵深处徘徊而升华；心灵是一个人的灵魂，人们的举动因为心灵辗转而改变。面对人生的一次次选择，我们应始终保持一种纯洁高尚的心灵、一种炽热温暖的心灵、一种坚毅不屈的心灵。然而在这个物欲横飞、瞬息万变的社会，为了保持这种心灵品质实在是很累的。当心累的时候，却是最容易出现心灵危机的时刻。

给自己的心灵找个寄托，那不是消极的逃避，而是一种积极的养精蓄锐。让心灵去休息一下，疗养它在尘世间奔波所受的伤，然后再投入热情去忙碌奔波。假如你懂得生活，同时也懂得自己，你一定会在生活中找到那么一点使你安心，使你忘忧，使你沉醉的心灵寄托，然后用自己的爱好去美化并充实生活。这样，物质与精神就得到了平衡！

有了让心灵歇息的想法，那么，我们就需要为心灵建造一个回收站。在这个回收站里，让我们重新浏览过去的生活记录，品味我们骄傲的善举，批评我们无知的过失，审视我们应有的情感，树立我们正确的方向。对于那些不开心的往事，我们就要毫不犹豫的删除掉，对于曾经启迪过我们的人事物，就必须好好地建立一个文件夹保存下去。这样一个心灵回收站将是我们最宝贵的圣地。

匆忙的生活往往使我们忽略了许多美好的、值得欣赏的东西，只有当你寻找到心灵的回收站之后，你才能有闲情去欣赏这世界可爱的一面，才有机会去享受真正属于你自己的人生！

每个人的心灵深处，都是一个缤纷的回收站。在这缤纷的回收站里，有很多与众不同的想法和很多的乐趣。打开心灵的窗户，享受屋外清新的空气。这时，呈现在眼前的是一个奇幻的世界。

用美好的心灵看世界，其实很简单。只要你每天多一份期待，多一份自信，少一份烦恼。多注意观察身边美好的事物，凡事不要对自己要求太高，做什么事都要以乐观的心坦然相对，相信你也会用美好的心灵看世界。在人生的道路上，多一份感激，少一份抱怨。积极的人总会战胜自己，挑战人生，总会在生活中找到乐趣，找到属于自己的东西。当然也可以交到很多的朋友，可以互相地给予帮助。这样也会萌发感激之心，感激所有的亲人和朋友，懂得孝敬长辈，珍惜友情。因此也会少些抱怨，因为他们懂得利用心灵回收站去创造一个美好的心灵。

目录 Contents

目录

Contents

目录 Contents

心灵回收站

修复心灵的漏洞 | 安装爱的补丁

卷一　调整心灵显示器的明亮度
Manament and dlog

我们透过心灵看到的这个世界，都是我们自己态度的世界。心灵太暗，世界就是乌云密布；心态光明，世界就是晴空万里。擦拭一下心灵显示器，调整好它的明亮度。那么世界也会不吝啬它那无限的阳光，阳光将洒满你的整个屏幕。

1. 生活就是白天黑夜，选择白天就是拥有光明

生活中有一些现象，无时无刻的不发生在我们的身边。当我们认真注意时却能发现很多的生活的真谛。

天上下着小雨时，我们正在街上，只要把雨伞打开就够了，犯不着去说："真见鬼，又下雨了！"因为这样说，对于雨滴、对于云和风都不起作用。倒不如说："多好的一场雨啊！"当然这句话对雨滴同样不起作用，但是它对我们自己会有好处。

我们会抖动一下身子，振奋一下，从而使全身发热。因为最微小的愉快动作也会产生这种效果。这样，你就不必担心自己会因为淋雨而感冒。

还有这样一个小故事。

有位秀才第三次进京赶考，住在一个经常住的店里。考试前两天他做了三个梦：第一个梦是梦到自己在墙上种白菜，第二个梦是下雨天，他戴了斗笠还打着伞，第三个梦是梦到跟心爱的表妹脱光了衣服躺在一起，但是背靠着背。

临考之际做此梦，似乎有些深意，秀才第二天去找算命的解梦。算命的一听，连拍大腿说："你还是回家吧。你想想，高墙上种菜不是白费劲吗？戴斗笠打雨伞不是多此一举吗？跟表妹脱光了衣服躺在一张床上，却背靠背，不是没戏吗？"秀才一听，心灰意冷，回店收拾包裹准备回家。

店老板非常奇怪，问："不是明天才考试吗？今天怎么就打道回府了？"秀才如此这般说了一番，店老板乐了："唉，我也会解梦的。我倒觉得，你这次一定能考中。你想想，墙上种菜不是高种吗？戴斗笠打伞不是双保险吗？跟你表妹脱光了背靠背躺在床上，不是说明你翻身的时候就要到了吗？"

秀才一听，更有道理，于是精神振奋地参加考试，居然中了个探花。

很多生活中的现象都可以体现一点，凡事都有其两面性，多从积极乐观的角度去思考，往往会有好的结局。

就如生活是由白天和黑夜组成，白天代表着光明，代表着美好。但并不是白天总能使人快乐。一切的选择在于我们的内心。尽管白天依旧光明，但你的内心充满阴霾，你还会照样闷闷不乐。换个方向去看生活，去看身周围的事与人，用一颗乐观向上的心情面对每一天的生活，你会发现，你的生活每天都是白天，每天都是都是光明与美好。

2. 面对挑战，我们不是要找到退路，而是寻找出路

一位哲人说过，一个人一生中面对的挑战和失败，是成功的三倍。而一个人如果在挑战中获得成功的话，那他的成功将是失败的三倍。

面对人生的挑战与挫折，只有勇敢地迎上，才会获得更多的成功。

不达目的不罢休——卡耐基·克里蒙·史东是美国"联合保险公司"的董事长，美国最大的商业巨子之一。被称为"保险业怪才"。

史东幼年丧父，靠母亲替人缝衣服维持生活。为补贴家用，他很小就出去贩卖报纸了。有一次他走进一家饭馆叫卖报纸，被赶了出来。他乘餐馆老板不备，又溜了进去卖报。

气恼的餐馆老板一脚把他踢了出去，可是史东只是揉了揉屁股，手里拿着更多的报纸，又一次溜进餐馆。那些客人见到他这种勇气，终于劝主人不要再撵他，并纷纷买他的报纸看。史东的屁股被踢痛了，但他的口袋里却装满了钱。

在这种境遇下，一般人都会放弃进入，但史东毫无犹豫的再次进入。在常人所认为的不可能之下，挣着了常人所挣不到的钱。这也便是成功者的特质，不论多么严峻的挑战，都会走出一条属于自己的路。

秦朝末年，秦军大将章邯攻打赵国。赵军退守巨鹿，并被秦军重重包围。楚怀王于是封宋义为上将军，项羽为副将率军救援赵国。

宋义引兵至安阳后，接连 46 天按兵不动，对此项羽十分不满，于是要求进军决战，解困赵国。但宋义却希望秦赵两军交战后待秦军力竭之后才进攻。

但此时军中粮草缺乏士卒困顿，而宋义仍旧饮酒自顾，项羽见此忍无可忍，进营帐杀了宋义，并声称他叛国反楚。于是将士们则拥项羽为上将军。项羽杀宋义的事，威震楚国，名闻诸侯。

随后，他率所有军队悉数渡黄河前去营救赵国以解巨鹿之围。项羽在全军渡黄河之后他下令把所有的船只凿沉，打破烧饭用的锅，烧掉自己的营房，只带三天干粮，以此表示决一死战，没有一点后退的打算。

正是这样已无退路的大军到了巨鹿外围，并包围了秦军和截断秦军外联的通道。楚军战士以一当十，杀伐声惊天动地。经过九次激战，楚军最终大破秦军。而前来增援的其他各路诸侯却都因胆怯，不敢近前。楚军的骁勇善战大大提高了项羽的声威。以至战胜后，项羽于辕门接见各路诸侯时，各诸侯皆不敢正眼看项羽。

无论是破釜沉舟的楚霸王项羽，还是敢于进取的保险业怪才史东，他们无疑是成功的人，但他们的成功并不是由众多的偶然构成。他们依靠的是在逆境中敢于直上的勇气。

当你面对挑战，已经没有退路时，你便应该想到，既然没有退路，还何必再去多想，必须努力地找出一条出路，这才是最应该做的。

面对挑战，我们不是要寻找退路，而是寻找新路。

3. 积极的人在忧患中看到机会，而消极的人则在机会中看到忧患

有一则寓言：口渴人找到半杯水。快乐人选择："啊，我终于找到水了！虽然眼下只有半杯水，但千里行始于足下，有良好的开端，我一定还能找到更多的水……"于是感到幸福。苦恼人选择："怎么就只这半杯水？就这半杯水有什么用？"一气之下挥手顿足却碰倒水杯，然后垂头丧气，坐以渴毙。

在一所大学里，一个教授与学生问答。

教授："你能说出乐观主义者与悲观主义者的区别吗？"

大学生："能，先生，二人共饮一瓶酒，喝去一半时，乐观主义者说'还有半瓶'，而悲观主义者说'半瓶完了'，对吗？"

积极的人总是能在恶劣的条件下发现机会，发现机遇。而消极的人哪怕给他再好的条件和资源，最终也是会向失败忧虑的方面发展。二者结果不言而喻。

美国有两家鞋厂，为了开发市场，分别派业务员前往非洲考察当地的需求量。甲厂的业务员考察回来，立刻晋升为主管；乙厂的业务员考察回来，却从此被冷落在一旁。同样去非洲考察，为什么会受到不同的待遇呢？

原来，乙厂的业务员，到了非洲，当天就发了一封电报回厂报告。电报的内容是："完了！一点希望也没有，因为这里的人都不穿鞋子。"

而甲厂的业务员到了非洲，当天也发了一封电报回厂报告，电报的内容则是："太好了！希望无穷，因为这里的人都没有鞋子穿。"

同样的事，不同的态度，不同的看待，不同的结果，为什么？"用心"的不同。

有一位父亲想对自己的双胞胎儿子进行一次"性格改造"，因为其中一个过分积极乐观，而另一个则过分消极悲观。

一天，他买了许多新奇的玩具给消极的儿子，又把积极的儿子送进了一间堆满马粪的车房里。结果，消极的孩子泣不成声，父亲便问："为什么不玩那些新玩具呢？""玩了就会坏的。"孩子仍在哭泣。

父亲叹了口气，走进车房，却发现积极的孩子正兴高采烈地在马粪里掏着什么。"告诉你，爸爸。"那孩子得意洋洋地向父亲宣称，"我想马粪堆里一定还藏着一匹小马呢！"

积极者与消极者的差别是很有趣的：积极者在每次危难中都看到了机会，而消极者在每个机会中都看到了危难。

生活在这个高压力、也高机遇的社会里。我们应该拥有一颗积极向上的心态，这是成功的一种保证。当你以一颗积极的心面对生活工作中的问题时，你能够得到比别人更多的机会与发展。

积极的人在忧患中看到机会，消极的人在机会中看到忧患。

4. 失掉往昔的足迹并不可惜，迷失了继续前进的方向却很危险

一百多年前，一位穷苦的牧羊人带着两个幼小的儿子替别人放羊为生。

有一天，他们赶着羊来到一个山坡上，一群大雁鸣叫着从他们头顶飞过，并很快消失在远方。牧羊人的小儿子问父亲："大雁要往哪里飞？"牧羊人说："它们要去一个温暖的地方，在那里安家，度过寒冷的冬天。"大儿子眨着眼睛羡慕地说："要是我也能像大雁那样飞起来就好了。"小儿子也说："要是能做一只会飞的大雁该多好啊！"

牧羊人沉默了一会儿，然后对两个儿子说："只要你们想，你们也能飞起来。"

两个儿子试了试，都没能飞起来，他们用怀疑的眼神看着父亲，牧羊人说："让我飞给你们看。"于是他张开双臂，但也没能飞起来。可是，牧羊人肯定地说："我因为年纪大了才飞不起来，你们还小，只要不断努力，将来就一定能飞起来，去想去的地方。"

两个儿子牢牢记住了父亲的话，并一直努力着，等他们长大——哥哥36岁，弟弟32岁时——他们果然飞起来了，因为他们发明了飞机。这两个人就是美国的莱特兄弟。

他们在未来的生活中面对各种的窘境，都没有放弃自己所要追求的，也没有迷失在大千世界的物欲横流中。他们始终坚持着自己的梦想，坚持着自己的目标，直到走向成功。

公元 1809 年，在一个荒凉的肯德基州农场里，诞生了一位叫亚伯拉罕·林肯的小婴儿，他就是未来第十六任的美国总统。

林肯 15 岁的时候才开始认字母，每天早晚都要走四哩的森林小路到校求学。他买不起算术书，特地向别人借，再用信纸大小的纸片抄下来，然后用麻线缝合，做成一本自制的算术书。他以不定期上课的方式在校求学，知识都是"一点一点学的"。他所受的正规教育，总计起来上学的日子不过 12 个月左右。林肯能在很艰难的情况下发奋读书，是林肯不向命运屈服的表现，也是我们应该向林肯学习的地方。

林肯下田工作的时候，也将书本带在身边，一有空闲就看书。中午吃饭时，也是一手拿着玉米饼，一手捧书。他在被提名为总统候选人以后，曾说："我能够达到这一点小成果，完全是日后应各种需要，时时自修取得的知识。"林肯由一个贫穷的孩子成长为统率美国的政治家的历程，更多的得自于对自身的目标坚定，对人生有着完整的规划。

也许有人会为失去往昔的荣耀美好而叹息，会有人为一直坚持行走的道路消失而迷茫。但请记住，过去的永远只是过去，只要未来你有着坚定的目标和信念，那纵然失去一切也不足为惜。

5. 当我没有鞋穿的时候，却发现身边有人没有脚

一个漂亮的女孩，天天在为买不到一双漂亮的鞋而苦恼。

有一天，她发现一个无脚的、长得和她一样漂亮的女孩在地上吃力地爬行，突然感到自己能有一双健全的脚太幸福了！

这个小女孩前后截然不同的表现，实际上就是两种不同的心态：前一种是悲观的、消极的，后一种则是乐观的、积极的。

有这么一个小故事。

有两个人，都住在山上。

那山挺荒凉，是秃的。

第一个挺悲观，一边叹气，一边在山脚下为自己修着坟茔。

第二个挺乐观，乐呵呵的，在山坡上种了好多绿色的树苗。

岁月悠悠。转眼过了 40 年。

第一个人果然老了，就泪汪汪地打开坟茔的门，走了进去，再也没有出来。第二个人却精神抖擞，在碧树下采摘着金色的果实。

又过了许多年，第一个人的坟茔前长满了衰草，野狼出没。

那座花果山前却花长开，树长青，满山闪耀着生命的辉煌。

修复心灵的漏洞 安装爱的补丁

原来，悲观与乐观都是种子。

都能长出情节。

只不过，前者结的果叫无奈。

后者结的果叫甘甜。

人生既是如此，生活里总会遇到不顺心的事，我们经常在抱怨自己的生活感情是如何的糟糕，为自己的境遇感到怨怨不平．总爱唠叨羡慕着别人的生活。

然而很多时候，我们往往都只看到走在自己前面的一大片人，却忘记了还有很多人落在自己身后。生活不需要我们时时的自怨自艾，既要积极向上，也要保持一颗看开的心态。

6. 不如意的时候不要往悲伤里钻，想想开心的日子吧

　　朋友经常会说，总觉得自己很烦躁，对周遭的人与事老是看不顺眼，下班回家之后，对着四面墙壁，更是烦上加烦。该睡觉的时候睡不着，该上班的时候又赖在床上睡不醒，于是上班迟到，受了老板几句责骂之后，心情更是跌入谷底，动不动就发脾气。

　　发脾气未必伤到别人，但肯定是伤到自己。我们从没听说过，发脾气会让人心情舒畅，因为发脾气不能解决任何问题，令人不快的事情仍然存在。

　　在美国阿拉斯加地区，有一个小镇名叫格鲁特吉伦。这里靠近北极圈，全年平均气温只有4℃，冬天最低气温可达到零下40℃，一年四季，该镇都笼罩在一片白雪皑皑之中。由于气候严寒，居民的生活来源有限，因此，该镇失业人口众多，人们的生活极为艰苦。不少人悲观失望，郁郁寡欢，一些人甚至打算背井离乡，前往他处谋生。

　　为了驱散格鲁特吉伦的悲观气氛，鼓励当地居民积极生活，格鲁特吉伦镇委员会制定了一条在全世界都堪称独一无二的法令。该法令规定：每天的傍晚6时至7时为"快乐1小时"时间，在这60分钟里，镇上的所有居民包括前往该镇旅游的客人都必须快快乐乐，而不得吵架生气，悲观失望，愁眉苦脸，郁郁寡欢。如果谁违反了这一法令，轻者将处罚金，重者则强制学习。学习的内容是观看喜剧电影和诙谐有趣的电视脱口秀节目。

有人问不高兴的时候该怎么办呢，不妨一试的方法就是回想曾经让我们感到快乐的人与事。以人来说，在我们的四周，一定会有一些值得你尊敬，让你见到就感到开心的人，他也许是你的亲人、师长甚至是一个不太熟悉的人，他的言行幽默风趣，一想起他，都会叫你感到开心自在。在事方面呢，好好想一下，一定有一些往事令你回味，令你的心情开朗起来。

俗话虽然说，不如意事常居八九，反过来说，如意事则占一二，也就是说，人生还是有一两件事是让我们称心如意的，我们为什么非得把这不开心的八九件事都挂在心上，为什么不去珍惜这一两件如意的事呢?

也许有些人会说，这是逃避现实。其实不然。只要你回想快乐的往事，心情就自然而然平静下来，心情一旦平静，头脑就会清醒，再差的心情都会豁然开朗。

所以，在不如意的时候请把悲伤的事情放开，多多想想那些让你开心的事情吧。

心灵回收站

修复心灵的漏洞 | 安装爱的补丁

卷二 修复内心的漏洞，安装爱的补丁
Manament and dlog

人的心都是不完美的，它有着或大或小的漏洞。遗漏出去的是本性的善良与单纯，趁隙而入的是那丑恶的世俗和愚蠢。寻找出你自己的漏洞所在，让爱填补这些空缺，使心灵更加完美。

1. 别去在意辱骂你的人，被疯狗咬一口你也不会咬回去

傍晚，在一个规模不大的快餐厅里，总共有三个食客：一个老人，一个年轻人，还有我。或许是因为食客不多的缘故，餐厅里的照明灯没有完全打开，所以显得有些昏暗。我坐在一个靠窗的角落里独自小酌，年轻人则手捧一碗炸酱面，坐在靠近门口的位置，与老人相邻。

我发现，年轻人的注意力似乎不在面上，因为他眼睛的余光，一刻都未曾离开过老人在桌边的手机。

事实证明了我的判断。我看到，当那个老人再次侧身点烟的时候，年轻人的手快速而敏捷地伸向手机，并最终装进他上衣的口袋里，试图离开。

老人转过身来，很快发现手机不见了。

他的身体微微颤抖了一下，然后立即平定下来，环顾四周。

这时候年轻人已经在伸手开门，老人也似乎明白了什么，他马上站立起来，走向门口的年轻人。

我很替老人担心。我认为，以他的年老体衰，很难对付一个身强体壮的年轻人。

没想到，老人却说："小伙子，你等一下。"

年轻人一愣："怎么了？"

"是这样，昨天是我 70 岁的生日，我女儿送给我一部手机，虽然我不喜欢它，可那毕竟是女儿的一番孝心。我刚才就把它放在了桌子上，可是现在它却不见了，我想它肯定是被我不小心碰到了地面上。我的眼花得厉害，再说弯腰对我来说也不是件太容易的事，能不能麻烦你帮我找一下？"

年轻人刚才紧张的表情消失了，他擦了一把额头上的汗，对老人说："哦，您别着急，我来帮您找找看。"

年轻人弯下腰去，沿着老人的桌子转了一圈，再转了一圈，然后把手机递过来："老人家，您看，是不是这个？"

老人紧紧握住年轻人的手，激动地说："谢谢！谢谢你！真是不错的小伙子，你可以走了。"

我被眼前的一幕惊呆了。待年轻人走远之后，我过去对老人说："您本来已经确定手机就是他偷的，却为什么不报警？"

老人的回答使我回味悠长，他说："虽然报警同样能够找回手机，但是我在找回手机的同时，也将失去一种比手机要宝贵千倍万倍的东西，就是——宽容。

在这个世界上你总会碰到一些不平的事，或是不可理喻的人，我们往往会为这些人和事愤愤不平，常常为此劳神伤心，最后也只是得来一个没有意义的结果。

就如标题所说，狗咬了人，人就未必要咬回去。很多时候学会一种宽容，一种大度，是对自己的一种升华。

2. 把握当下，现在拥有的东西才是最好

日本亲鸾上人 9 岁时，要求慈镇禅师为他剃度。

慈镇禅师问他："你这么小，为什么要出家呢？"

亲鸾答道："我虽年仅 9 岁，父母却已双亡。我不知道为什么人一定要死亡，为什么我一定非与父母分离不可？为了探索这些道理，我一定要出家。"

禅师嘉许他的志愿："好！我愿收你为徒。不过，今天太晚了，明日一早剃度吧！"

亲鸾却不以为然："师父！虽然您已答应明日剃度，但我终是年幼无知，不能保证出家的决心是否可以坚持到明天；而且你年岁已高，也不能保证明早起床时是否还活着。"

慈镇禅师拍手叫好："你说得完全没错。现在，我就为你剃度！"

世间最珍贵的不是'得不到'和'已失去'，而是现在能把握的幸福。最好的东西是把握当下所拥有的。幸福本来就是现在。只有把一个个现在串成幸福，才有一生一世的幸福。

3. 不了解生命的人，生命对他来说是一种惩罚

　　张海迪1955年出生在山东济南的一个知识分子家庭里。5岁的时候，胸部以下完全失去了知觉，生活不能自理。医生们一致认为，像这种高位截瘫病人，一般很难活过27岁。在死神的威胁下，张海迪意识到自己的生命也许不会长久了，她为没有更多的时间工作而难过，更加珍惜自己的分分秒秒，用勤奋的学习和工作去延长生命。她在日记中写到："我不能碌碌无为地活着，活着就要学习，就要多为群众做些事情。既然是颗流星，就要把光留给人间，把一切奉献给人民。"1970年，她随带领知识青年下乡的父母到莘县尚楼大队插队落户，看到当地群众缺医少药带来的痛苦，便萌生了学习医术解除群众病痛的念头。她用自己的零用钱买来了医学书籍、体温表、听诊器、人体模型和药物，努力研读了《针灸学》、《人体解剖学》、《内科学》、《实用儿科学》等书。为了认清内脏，她把小动物的心肺肝肾切开观察，为了熟悉针灸穴位，她在自己身上画上了红红蓝蓝的点儿，在自己的身上练针体会针感。功夫不负有心人，她终于掌握了一定的医术，能够治疗一些常见病和多发病，在十几年中，为群众治病达1万多人次。

　　后来，她随父母迁到县城居住，一度没有安排工作。她从保尔·柯察

金和吴运铎的事迹中受到鼓舞，从高玉宝写书的经历中得到启示，决定走文学创作的路子，用自己的笔去塑造美好的形象，去启迪人们的心灵。她读了许多中外名著，写日记、读小说、背诗歌、抄录华章警句，还在读书写作之余练素描、学写生、临摹名画、学会了识简谱和五线谱，并能用手风琴、琵琶、吉他等乐器弹奏歌曲。她曾任山东省文联的专业创作人员，她的长篇小说《轮椅上的梦》问世，在社会上引起了强烈反响。以后她又写出了长篇小说《绝顶》，以及《生命的追问》、《鸿雁快快飞》、《向天堂敞开的窗户》等散文作品。她现在是一级作家、山东省作协副主席、中国全国政协常委、中国残疾人联合会主席。

认准了目标，不管面前横隔着多少艰难险阻，都要跨越过去，到达成功的彼岸，这便是张海迪的性格。有一次，一位老同志拿来一瓶进口药，请她帮助翻译文字说明，看着这位同志失望地走了，张海迪便决心学习英语，掌握更多的知识。从此，她的墙上、桌上、灯上、镜子上，乃至手上、胳膊上都写上了英语单词，还给自己规定每天晚上不记 10 个单词就不睡觉。家里来了客人，只要会点英语的，都成了她的老师。经过七八个年头的努力，她不仅能够阅读英文版的报刊和文学作品，还翻译了英国长篇小说《海边诊所》，当她把这部书的译稿交给某出版社的总编时，这位年过半百的老同志感动得流下了热泪，并热情地为该书写了序言：《路，在一个瘫痪姑娘的脚下延伸》。她的翻译作品还有《小米勒旅行记》、《丽贝卡在新学校》等。

生命在于拼搏，在于创造。生命对于很多人来说是一场辉煌而又壮丽的诗篇，对于那些不了解生命的人来说却是一场痛苦至极的惩罚。张海迪、霍金，他们都天生带着普通人所无法想象的残缺，却是依靠自己的努力，对生命的热爱，让自己的一生美不胜收，让整个生命在残疾的身体下更显美丽。

　　对于不懂得生命的人来说，压力、人际、生活、工作都会成为生命对自己的一种惩罚，在漫漫的人生路上忍受痛苦。朋友，请打开自己生命的大门，去明白生命是为了快乐与幸福，生命便还你一个美丽而又辉煌的人生。

4. 上帝从不埋怨人类的愚昧，人类却埋怨上帝不公平

　　某欧洲国家一位著名的女高音歌唱家，芳龄仅仅 30 多岁就已经红得发紫，誉满全球，而且郎君如意，家庭美满。

　　一次她到邻国来开独唱音乐会，入场券早在一年以前就被抢购一空，当晚的演出也受到极为热烈的欢迎。演出结束之后，歌唱家和丈夫、儿子从剧场里走出来的时候，一下子被早已等在那里的观众团团围住。人们七嘴八舌地与歌唱家攀谈着，其中不乏赞美和羡慕之词。

　　有的人恭维歌唱家大学刚刚毕业就开始走红进入了国家级的歌剧院，成为扮演主要角色的演员；有的人恭维歌唱家有个腰缠万贯的某大公司老板作丈夫，而膝下又有个活泼可爱、脸上总带着微笑的儿子……

　　在人们议论的时候，歌唱家只是在听，并没有表示什么。等人们把话说完，她才缓缓地说："我首先要谢谢大家对我和我的家人的赞美，我希望在这些方面能够和你们共享快乐。但是，你们看到的只是一面，还有另外的一个方面没有看到。那就是你们夸奖活泼可爱、脸上总带着微笑的这个小男孩，不幸的是一个不会说话的哑巴，而且，在我的家里他还有一个姐姐，是需要长年关在装有铁窗房间里的精神分裂症患者。"

　　歌唱家的一席话使人们震惊得说不出话来，你看看我，我看看你，似乎很难接受这样的事实。

　　这时，歌唱家又心平气和地对人们说："这一切说明什么呢？恐怕只能说明一个道理：上帝是公平的。那就是上帝给谁的都不会太多，也不会太少。"

　　常常听到有人埋怨不公平的生活，为什么别人可以有名车别墅，自己却只能蜗居坐公交。其实很多时候生活和上帝都是公平的，我们只是看到上帝给予的那一面，却没有见到他们失去的那一面。

　　不要羡慕别人的生活，别人不见得比你活得好，每个人都有自己的欢乐和痛苦。你所拥有的，也许恰恰是别人所缺少的，与其为别人的拥有而不平，莫不如为自己的拥有而开怀。

5. 拥有一颗无私的爱心，便拥有了一切

有许多人在河边捕蟹，他们都背一个大蟹篓，但多数没上盖。许多初到的人很好奇，提醒他们说："蟹篓不盖上盖子，不怕抓来的蟹跑掉吗?"这些捕蟹人都笑了："蟹篓可以不盖，因为要是有蟹想爬出来，别的蟹就会把它钳住，结果谁都跑不了。"

生活中，有的人很像蟹一样。听说某地矿井发生透水事故，矿井里的水位快速上升，某个巷道的工人谁也不甘心落后，争先恐后地往外挤；由于巷道口太小，把出口堵得死死的。结果谁也无法逃生。而在同一个矿的另一个作业区，队长当时很镇定，他大声喊道："大家不要挤，一个一个来。"他并不急于逃生，而是留在后面指挥，结果20多个矿工全都安全地跑了出来，他自己也脱离了险境。

无私与宽大往往能给人带来更多意想不到的收获，拥有一颗无私宽大的心便是拥有了一切。

有一个男孩脾气很坏，于是他的父亲就给了他一袋钉子；并且告诉他，每当他发脾气的时候就钉一根钉子在后院的围篱上。第一天，这个男孩钉下了 37 根钉子。慢慢地每天钉下的数量减少了。他发现控制自己的脾气要比钉下那些钉子来得容易些。

终于有一天这个男孩再也不会失去耐性乱发脾气，他告诉他的父亲这件事，父亲告诉他，从现在开始，每当他能控制自己的脾气的时候，就拔出一根钉子。一天天地过去了，最后男孩告诉他的父亲，他终于把所有钉子都拔出来了。

父亲握着他的手来到后院说：你做得很好，我的好孩子。但是看看那些围篱上的洞，这些围篱将永远不能回复成从前那样子。你生气的时候，说的话将像这些钉子一样留下疤痕。如果你拿刀子捅别人一刀，不管你说了多少次对不起，那个伤口将永远存在。话语的伤痛就像真实的伤痛一样令人无法承受。

人与人之间常常因为一些彼此无法释怀的坚持，而造成永远的伤害。如果我们都能从自己做起，开始宽容地看待他人，相信你一定能收到许多意想不到的结果……

帮别人开启一扇窗，也就是让自己看到更完整的天空，我们之所以会有很多不必要的烦恼，多是因为太纠缠过去一些事情。当你能放下私心的时候，便发现很多从前的烦恼便是无关紧要的了，会发现生活中会有如此多的美好。

拥有一颗无私的心，便是拥有了一切。

6. 把手握紧，里面什么也没有，把手放开，你会得到一切

父亲给孩子带来一则消息，某一知名跨国公司正在招聘计算机网络员，录用后薪水自然是丰厚的，还因为这家公司很有发展潜力，近些年新推出的产品在市场上十分走俏。

孩子当然是很想应聘的。可在职校培训已近尾声了，这要真的给聘用了，一年的培训就算夭折了，连张结业证书都拿不上。孩子犹豫了。父亲笑了，说要和孩子做个游戏。他把刚买的两个大西瓜一一放在孩子面前。让他先抱起一个，然后，要他再抱起另一个。孩子瞪圆了眼，一愁莫展。抱一个已经够沉的了，两个是没法抱住的。"那你怎么把第二个抱住呢?"

父亲追问。孩子愣神了，还是想不出招来。父亲叹了口气："哎，你不能把手上的那个放下来吗?"孩子似乎缓过神来，是呀，放下一个，不就能抱上另一个了吗! 孩子这么做了。父亲于是提醒：这两个总得放弃一个，才能获得另一个，就看你自己怎么选择了。孩子顿悟，最终选择了应聘，放弃了培训。后来，如愿以偿，成了那家跨国公司的职员。

前些天，听一个朋友聚会完聊起席上的事。

说现在下海经商的愈来愈多。有一位同学在某事业单位任职，就直抒胸臆：自己也想下海，可以多点机会赚钱，可又舍不得离开这事业单位。毕竟旱涝保收，工作也是蛮稳当的。因此，老是犹豫不决。他的一位同事倒是辞职下海了，还如鱼得水，干得不赖，让人羡慕。那同事对他说，你不愿放弃，却又想再获得，未免太天真了吧。他觉得同事说得有理，可仍举棋不定席间，又提及一位女生。说她本是班上最漂亮、最有气质的女孩。但至今孑然一身。知情者说，她追求者众，令她眼花缭乱。心眼也活，今天见这个好，明天见那个也不错，总想选一个各方面都称心如意的。这想法并不坏，可男人也是人呵，最终，情爱在她身边飘然而逝。

其实，她倒碰上过一个真正爱她、呵护她，甚至宁愿为他作出牺牲的男孩。这男孩在时下也不多见了，比较传统，心眼挺实在的，挺有点男子汉味道的。女孩曾经视他为第一候选人，相处蛮长时间了。可同时，女孩还在约会其他男孩，倒没有什么出格的事，就是想再多一点机会，再好好选择一番。男孩再爱她，也难以忍受这般折磨。等到女孩有所醒悟时，男孩已出国并且成家了，女孩很后悔。也许上天给予她太多，反而让她失去了最宝贵的东西。

放弃，也是一种成本，经济学上称其为机会成本。在做出某个选择的时候，实际上，也是投入了这一机会成本的。不懂得放弃，什么都不想放弃，那又何来心想事成。

生活中，我们常常会陷入这种握紧和放手的两难选择中，很多机会与转变都在这其中流逝。就如文题所说，很多时候，当你把手牢牢握紧时，你什么都得不到，只有放开双手，才能够抓住更多的东西。

心灵回收站

修复心灵的漏洞 | 安装爱的补丁

卷三　正确地使用"你的文档"
Manament and dlog

我们互相平等，但又各自不同。我们的文档是为了保留属于我们自己的记忆和性格，而不是任由别人评价和审视的公共栏。所以，尽情地给你的文档标上你喜欢的标签。因为这个文档就是你的世界，而你则是这世界里唯一的神。

1. 还我本来面目

威廉·莎士比亚说过："每个人都掌握着一种不可思议的行善或是作恶的力量——他生活的寂静无声、不知不觉和不见踪迹的影响。这只不过是说：永放光芒的是人的真正面目，而不是他的假相。"

世界上最可怜、最痛苦、最不幸福的人，莫过于那些迷失自我的人。一个人弃绝了矫饰而成为真正的自己时，他的满足与轻松是无与伦比的。

许多人终生过着化妆舞会式的生活，他们戴上各种面具，希望避开他人的责难。他们把真实的自我深锁在面具之后，把它当做令自己害怕的黑暗秘密。

有些人终其一生隐藏着自己的真实面目，他们脸上所戴的面具，使自己远离了真实的生活。弱者往往戴着自尊自强的面具，以掩饰他们容易受伤的弱点。对自己的美貌感到骄傲的女人往往戴上冷漠的面具，以掩饰她渴望受宠的需求。认为自己失败的男子，可能会戴上自夸的面具，令人厌恶地大谈他当年的成功历史。渴望早点嫁人的女孩子，却偏要假装她从未想到结婚这件事……

这只是我们所戴的众多面具中的少数几个。有时它们能保护你，使你不会受到责难，但它们也会让你和诚实的人隔离。正是为了掩饰自己身上这样或是那样的弱点和不足，我们给自己戴上了生活的面具。

用戴面具的形式来掩饰自己的真面目，所承受的痛苦更令人难以忍受。因为戴上面具后，我们就必须为了这个虚伪的东西而使原本不完美的自己力求完美。所以说，为了痛痛快快地享受生活，我们还是应该尽量摘下面具，保持自己纯真的一面。

当贝蒂．福特成为美国第一夫人时，她就以坦白率真而闻名。紧追不舍又唯恐天下不乱的新闻记者问到她各种各样的问题时，她总是坦白直率地回答对方。有一次，一个更为过分的记者甚至问她和丈夫做爱的次数，当时她竟能从容不迫地回答："尽我所能的多。"另外，她也从不隐瞒有关她早期精神崩溃及服用药物、酒精等有损名誉的经历。

有像福特夫人这样个性坦诚的人，那么就一定能获得真正的友谊。虽然不能保证坦白会使你获得普遍的欢迎——有些保守团体就对福特夫人的观点持反对看法——但你愿意坦白，自然会有人爱你。

如果你想获得别人的认同，那么，请你不要再让自己戴着伪装的面具了。因为，一个人的魅力，源于他能够真实地呈现自我。也只有这样的人，才是最受人欢迎的。

加利福尼亚州的伊斯．欧蕾太太从小就特别敏感而腼腆，因为她的身体一直太胖。伊斯有一个很古板的母亲，她认为把衣服弄得漂亮是一件很愚蠢的事情。她总是对伊斯说："宽衣好穿，窄衣易破。"而母亲总照这句话来帮伊斯穿衣服。所以，伊斯从来不和其他的孩子一起做室外活动，甚至不上体育课。她非常害羞，觉得自己和其他的人都"不一样"，完全不讨人喜欢。

长大之后，伊斯嫁给一个比她大好几岁的男人，可是她并没有改变，依旧很是害羞。婆家是一个平稳、自信的家庭，他们的一切优点在她身上似乎都无法找到。伊斯尽最大的努力要像他们一样，可是她就是做不到。家里人也想帮她从封闭之中解脱出来，但他们善意的行为反而令她更加不知所措。伊斯变得紧张不安，躲开了所有的朋友，情形坏到她甚至听到门铃响都会感到恐惧。伊斯知道自己是一个失败者，又怕她的丈夫会发现这一点。所以每次他们出现在公共场合的时候，她假装很开心，结果常常做得太过份。事后伊斯会为此难过好几天。最后不开心到她觉得再活下去也没有什么意思了，她甚至想到了自杀……

后来，是什么改变了这个不快乐的女人的生活呢？只是一句随口说出的话，改变了伊斯的整个生活。有一天，她的婆婆向伊斯谈起她怎么教养她的几个孩子，婆婆说："不管事情怎么样，我总会要求他们做自己。"

"做自己"，这句话就像是黑暗中的一道闪光照亮了伊斯。她终于从苦恼中明白过来："原来我一直都在勉强自己去充当一个不大适应的角色。"于是，她开始让自己学会做她自己，并努力寻找自己的个性，尽力发现自己究竟是一个什么样的人。她开始观察自己的特征，注意自己的外表，挑试适合自己的服饰。她开始结交朋友，加入一些兴趣小组的活动。第一次参加活动表演节目时，伊斯简直吓坏了。但是，每开一下口，她都增加了一点勇气。过了一段时间，伊斯的身上终于发生了变化，她感到快乐多了，这是她以前做梦也想不到的。

伊斯后来回忆道："在一夜之间我整个改变了，我开始保持本色。这所有的快乐，是我从来没有想到可能得到的。在教育我自己的孩子时，我也总是把我从痛苦的经验中所学到的结果教给他们：'不管事情怎么样，总要做自己。'"

　　索菲亚·罗兰在她的自传《爱情与生活》中写道:"自我开始从影起,出于自然的本能,我谁也不模仿。我只要求自己看上去是我自己……"她深刻地意识到,凡事一定要保持自己的本来面目,不刻意模仿别人去换取暂时的回报。每一个人生来都是独一无二的,掩饰自己,便是扼杀真正的自己。

　　教皇保罗八世之所以处处都受到欢迎,部分原因是由于他完全不掩饰。他一生都很胖,而且出身于贫苦的农家,但他从不掩饰外貌和出身。在他当上教皇后,有一次去拜访罗马的一所大监狱,在祝福那些犯人时,他坦诚地说他这一次到监狱是为了探望他的侄子。很多人认为他是耶稣的化身,因为除了他知道怎样分享别人的苦乐之外,另一个原因就是他坦率真诚。

　　在这个世界上,每个人都是独一无二的。因此,我们有理由保持自己的本来的样子。我们不该再浪费任何一秒钟,去忧虑我们与其他人不同这一点。应该尽量利用大自然所赋予你的一切。不论如何,你都得自己创造自己的小花园;不论好坏,你都得在生命的交响乐中,演奏自己的小乐器。

　　人存活于世间,能以本色天性面世,不费尽心机,不被那些无所谓的人情客套、礼节规矩所束缚,想哭想笑,能苦能乐,泰然自在,怡然自得,真实自然,保持自己的个性特点,岂不是一件乐事?

2. 拒绝做到绝对完美

在我们的周围，总有这样的一些人——他们的智力很高，工作能力也很不错，而且也很勤奋，工作起来甚至能达到废寝忘食的地步。但是，他们就是出不了什么成果。眼看着比他们在各方面差一些的人成果都十分显著了，他们依然默默无闻。这究竟是什么原因呢？

要找到这个答案可能不是一件容易的事情，因为他们的才华虽然说不上是盖世，但比普通人还是高出一截，算是杰出的了。他们聪明过人，办事勤快。如果真是这样的话，那他很可能就是个"完美人士"了。

"完美人士"。看似光鲜亮丽的一个称谓，但却是很弱势的一个种类。这些人之所以不能获得成绩，不能取得人生的成功，不是他们缺少能力，而是他们在做任何事情之前，都不能克服自己追求完美的痴情与冲动。他们总想把事情做得尽善尽美，总想使客观条件和自己的能力达到尽善尽美的程度然后才去做。因而，这些人的人生始终处于一种待机的状态之中。

他们没有做成一件事情，不是他们不想去做，而是他们一直在等待所有的条件成熟，因此才没有去做，他们就在等待完美中度过了自己不够完美的人生。

比如说，想写一篇某一方面的论文，这种人首先会在尝试几种、十几种，乃至几十种方案之后才去动手写。这当然是好的，因为在比较之中才能找到一种最佳方案。但是，在他开始写时，他又会发现它选择的那种方案依然有不够完美的地方，而他非要找出一种"绝对完美"的成果来。于是，这种方案就被搁置起来了，他继续去寻找"绝对完美"的新方案。

事实上，世界上没有什么东西是完美的。而这种人总是不愿出现任何一种失误，因此，他的一生也都是在寻找完美的烦恼中度过，结果自然是一事无成。

这就可以解释，为什么那么多表面看起来相当精明能干的人，到头来都是一无所成，在人生的道路上坎坷颇多，进退维谷。你也可以做一个这样的实验：把手头的一项工作交给你的两个部下，一位是完美主义者，一位是现实主义者，看他们面对同一个工作会有哪些不同。等他们的方案提交上来，你会发现，完美主义者可以一下子给你提供十多种可能的方案，分别说明其可行性与利弊得失。但它无法确定哪种方案是最好的。而现实主义者则不然，他可能只有一种方案，也就是他要实施的那套方案。在聪明才智方面他比不上前者，但他能拿出一套实实在在、立刻就能实施的方案。

所以在人生中，无论是对待工作、事业，还是自己、他人，我们都尽量不要去做苛求自己完美。如果坚持要等到万事俱备，再去实行自己的计划，那你就只能永远等待下去了。同时，对待自己也要宽宏一些，不必要求自己绝对完美。这样一来，你不仅能减少许多烦恼，还会发现你的工作、事业在一个短时间内会有较大的发展。

1984 年的奥运会上，有两位滑雪选手赢得了全世界的瞩目。不只是因为他们卓越的滑雪技术分别获得了金牌和银牌，还因为他们对比赛所保持的态度。在萨拉黑佛举行的男子弯道滑雪比赛之前，他们向媒体讲的话

一点也看不出他们全心全意要取得胜利的热忱。斯蒂夫·马尔是1982年世界大弯道滑雪的冠军，他曾很不客气地说："美国大众给我的弟弟菲尔·马尔施加了很大的压力，要我们取得弯道和大弯道滑雪的奖牌，实际上他们根本不知道奖牌是多么不容易拿到的。"

斯蒂夫的孪生弟弟菲尔曾在宁静湖的比赛中得到过银牌，也是三届阿尔卑斯山世界杯滑雪冠军得主。菲尔曾说过："奥运会不是什么大事……你失败了又怎样呢？生命还是会继续下去。"就在大弯道滑雪赛前，他还说："我对海滩想得比滑雪还多，我想我赢不了真的没什么关系。"这样的言论可是与大家听惯了赛前自我鼓励、自我加油的话大相径庭。在奥运会开始之前，斯蒂夫和菲尔被美国各种传播媒体预测为最有潜力的滑雪奖牌得主。当然这一年他们很可能也会为他们的祖国赢得奖牌，然而他们面临着每一个运动员都必须面临的问题，那就是有可能会面临失败的恐惧。

事实上，你或许不是奥运会选手，但你在工作中可能也会有这样那样的压力，也是实际的压力，这个压力来源于你对你自己要"绝对完美"的压力。

马尔兄弟最后为美国赢得了1984年奥运会大弯道滑雪项目的金牌和银牌。而与此同时报纸报道：菲尔赢得了金牌，斯蒂夫获得了银牌，但是他们欢庆的是菲尔刚出生的孩子。菲尔赢得金牌的那一刻，他的妻子为他生了一个8磅多重的儿子。对他而言，那天最重要的事就是儿子的出世。比赛之后菲尔向媒体说："我来这里只是为了能发挥自己的潜力去滑雪，没有什么事情会因为我获得了金牌而改变……大众把奥运会当成至高无上的事，但是我们整个冬天都在比赛。年年如此，如果我在这里没有拿到金牌，也不会让我挂心。我运动从来不是为了赢，而是为了竞赛。"斯蒂夫和菲尔并不是驱策自己去追求完美，追求不败，而仅仅是做好了自己能做到的。他们的成功是来自他们内心的快乐和豁达。

　　很多运动员和演艺人士认为，完美才是成功和胜利。他们受这种想法的驱动，不断证明自己能做到绝对完美。但是冠军只有一个，胜利也只能属于一个人，而且"这一个"不可能永远只属于一个人。如果无法认识到这一点，就会对自己无比失望。

　　有一位名叫杰佛瑞的钢琴演奏家，他有着非常高的音乐天分，他的钢琴演奏技巧娴熟并且具有灵魂。他才艺过人，得过很多的大奖，很多听众甚至乐评人士都为他的演奏而着迷。他多年的学习和苦练都有了不菲的回报。但是突然有一天，他推倒了钢琴，拒绝再弹奏。他在荣耀的巅峰时期毅然决然地离去，不肯再弹一个音符，他甚至不肯为侄女演奏最简单的练习曲或是为母亲生日伴奏生日祝福歌。他这样的坚持放弃，是演艺事业结束的象征。它是畏惧自己不能再像从前那样受人盛赞从此会一落千丈，越来越差。杰佛瑞的自我价值感仅存在于完美之中，没有多余的空间留给平凡。对要"绝对完美"的杰佛瑞来说，一个失误都是毁灭性的，所以他宁肯在错误到来之前先放弃，这样就可以避免不完美因素对成功的影响。

　　你对自己的肯定如果全然取决于你的成就，那么你永远也不会对自己的成就真正感到满意。"完美"不是坏事，是很重要的因素，但是它会使某些人认为仅仅是工作、学习。心中向往"绝对完美"的人永远无法对自己感到满足。也许你会得奖，会成名，会被提拔加薪，被冠以荣耀的头衔。但不管你表现得多好，你都不会有更多的成就价值感。

　　生活永远是不可能完美无缺的，也正因为有了残缺，我们才有梦想、才有希望。当我们为梦想和希望付出我们的努力时，我们就已经拥有了一个完美的自我。

3. 面子的存在意义

易中天曾说过：中国人死要面子。为什么呢？难道面子真的那么重要吗？他是这么说的，人伤了面子，也就等于伤了内心，伤了自尊，所以很多人宁愿伤身也要维护好自己的面子。因为伤身只是受点皮肉之苦，而伤了面子，却要让自己的心灵留下一道难以磨灭的伤疤。

于是，我们可以清楚地看到，从古至今，有多少人为了面子而宁愿牺牲自己，从而让自己在历史的长河中留有一席之地。当项羽站在乌江河畔的时候，他也想过要东山再起，但他为了面子，为了不让后人耻笑自己的无能，为了躲避江东父老的指责，他没有勇气选择抛下面子，渡河而逃。他最终选择在乌江自刎，但他却永远失去了重整旗鼓的机会，人生就此停留在这一刻。杜牧在《题乌江亭》中有云："江东子弟多才俊，卷土重来未可知。"就是对这件事的深切惋惜。

所以，有时候放下面子，也并不是一件坏事。假若韩信当年在面对市井之徒的粗言恶语的时候，没有选择忍耐，抛下面子，而与他们大动干戈，后来"汉人三杰"也许就没有他的席位了吧。真正的大丈夫是要懂得忍辱负重，能屈能伸，才能给自己寻找更多生命的出口与机会。

上帝说："打开的是一扇门，而放下的是另一扇门。"是的，要面子，是为了维护自己的尊严，维护自己的地位。但有时候，人们为了这一张面子，却要遭受"死要面子活受罪"的厄运。这时候，我们何不暂且放一下面子，即使伤了面子，但为了给自己的人生寻找另一个机会，给自己的生命赢来另一个契机，牺牲这点面子是值得的。

卧薪尝胆，这是一个众人皆知的故事。想当年，越王勾践在输给吴王，被俘虏的时候，如果顾及自己也是一个高高在上的君王，而不愿忍受这种锥心之痛，选择了死亡，那他就没有再创江山的时候。正是他有着卧薪尝胆、忍辱负重的勇气，才让他有了重建王朝的机会。

面子，对于一个人来说，特别是地位高的人来说，固然很重要，但我们不能总是死要面子，在面对面子的取舍的时候，要衡量一下长远利益，做到丢了小面子，却赢来了大面子。

面子是人最注重的，因为谁都晓得有面子就有尊严，没面子就低人一等，受人歧视。人有脸，树有皮。人活的就是一张脸面，好脸面无可厚非，没脸没皮怎么能不让人轻视？但有的人往往因为要面子而使自己受委屈，这就叫死要面子活受罪。

孟子曾经讲过一个这样的故事：

齐国有一个人，有两个媳妇，共处一室。他每次出去，都等到酒足饭饱以后回来。妻子问他都和什么人在一起吃饭，他大言不惭地说和达官贵人一起吃的。妻子告诉小妾说："丈夫出去，总是吃饱喝足才回来，我问他都和谁一起吃饭，他说全是有钱有势的人，但家里不曾有富贵的人来，我想要偷偷地跟着他看看到底去什么地方。"

第二天早晨起来，等丈夫出门后，妻子悄悄地跟在他的后面盯着，看他走遍全城也没有一个人站住和他说话，最后他来到城东边的坟地，走到祭祀的人跟前，向人讨要祭祀剩下的食物，不够，又四处张望到另外祭祀

的人家去讨要，这就是他填饱肚子的办法。

妻子看了很生气，回来如实告诉小妾，气愤地说："丈夫，是我们终身依赖的人，现在竟然这样。"就跟小妾一起骂丈夫，骂完，两人对泣，丈夫不知道，高兴地从外面回来，对妻妾表现出一副高傲的神态。

虽然孟子没有讲结局如何，但可以想像出来那个丈夫肯定被妻妾左右夹击，骂得威风扫地，无地自容，事后该进行一番沉痛的反思了。这个故事很可笑，赤裸裸地揭露了既游手好闲又好面子之流的弊病。

社会也不乏这样的人，好逸恶劳是他们的通病，好面子是他们致命的弱点。他们既想享受富贵的生活，又想不劳而获，所以只好想一些歪门邪道来解决生存危机，恬不知耻地过着奢侈的生活，当时似乎挺有面子，但终究浮华过后，自己走进死胡同，那时才捶胸顿足，可是已经晚了。这样的面子还值几个钱？这类人我给他画画像："好吃懒做没志气，装模作样徒成弊。一事无成百事哀，混来混去坑自己。"因为死要面子，所以活受罪，这岂不是得不偿失？这样虚伪的面子要不得。

没有人不想过荣华富贵的生活，但这要靠自己的勤奋付出取得，面子是靠志气挣出来的。一分耕耘，一分收获！不付出，哪能有回报？总想靠左道旁门捞取好处，哪能不吃亏？升官发财固然好，有面子，但不能投机取巧，要通过正当手段来谋取。常言道："君子爱财，取之有道。"通过正当渠道得来的钱财心安理得地消费，靠辛勤拼搏换来的富贵生活问心无愧地享受，何必整天担心吊胆过日子？

面子既能成全人，又能毁了人。有时候求人办事好说"给个面子"，但有些事给面子好使，如果违法乱纪的事给面子就坏菜了，你给了人家面子，把事给办了，结果你自己吃不了兜着走，这样的面子就把人毁了。有些人为了一己私利，也为了满足虚荣心，不惜一切代价要个面子。岂不知

修复心灵的漏洞 安装爱的补丁

这是给自己带上假面具，套上枷锁，活得极不真实，也很累。成克杰为了给情人面子，结果滚鞍落马；赖昌星为了给自己找面子，结果招致牢狱之灾；陈希同为了自己的面子，出卖了人格。这样的面子还有必要要吗？

说面子害人一点不过分。周幽王为了搏得褒姒一笑，让自己有面子，结果丢了江山；诸葛亮就是为了给马谡一个面子，结果失了街亭；周瑜为了自己尊贵的面子被活活气死。

面子固然重要，但不必为了没意义的面子让自己受苦遭罪。顺其自然最可贵。

4. 缺陷有时就是优势

　　生活当中，谁的身上都会有或这或那的缺陷，谁都难免会遇上尴尬的处境。但这并不值得我们为此难过，也不需要刻意去掩饰，最佳的对待办法就是坦然面对。天生万物本来就是各有其用，缺点有时也就是优点，只是你看待的方向不同而已。

　　美国历届的总统大选都会给人留下非常鲜明的印象：候选者风度翩翩，富有人格魅力。肯尼迪总统受到美国公众的喜爱程度恐怕是美国历史上所少见的。但是，肯尼迪总统却并非一个完美无缺的人。他曾经试图在猪湾（地名）入侵古巴，结果遭到惨败。像这么大的军事失误，不管是发生在一个多么出色的领导人身上，普通人都会认为这将会使领导人的形象和信赖度大打折扣。然而让人感到费解的是，这次的军事失误不仅没有降低肯尼迪的个人声誉，反而让他在公众心目中的地位更加牢固，形象更加真实、丰满，人们也变得更加喜爱这位"偶尔会犯错"的总统了。

　　心理学家猜想，之所以会出现这样的情况，是因为这次失误让人们明白：即使是被新闻媒体描绘得毫无瑕疵可挑的总统，也难免会犯一些错误。而更难得的是，在犯错误之后又能勇于承认自己的失误，这才让总统与公众之间的距离更加贴近，从而也为总统赢得了更多过去并不喜爱他的的人支持。

社会心理学家阿龙森曾通过一个实验来证明什么样的人更受欢迎。他设计了这样的一个实验：在一个竞争激烈的演讲会上，有两位选手，都是才能出众，而且能力又几乎是不相上下。在演讲时，有位选手不小心打翻了桌上的饮料。

如果换做你是观众，你会喜欢哪个人呢？结果表明：出现了小失误的那个选手更受欢迎。

这一个实验也给人们展示了一个有力的命题：白璧微瑕比洁白无瑕更让人觉得可爱。小小的失误不仅不会损坏你的形象，反而会使人的吸引力更增加一层——这就是人际交往中的"犯错误效应"。

没有人怀疑"金无足赤，人无完人"这条古训的合理性，然而真正领会其背后隐匿的心理学规律的人却为数不多。一个坏透了的人肯定不受人欢迎，可是，一个完美的人常常更让人难以接受。处处要求自己完美无瑕的人不仅会让自己步履维艰，也让周围的人感到无比的"窒息"。而有时候我们利用自己的缺陷来装饰自身的优点，就会起到更好的效果。这也是所谓的完美人士所不及的一点，也就是这一点，就会让周围的人更加地了解你，喜欢你。

每个人都有优点，也有缺点，关键看你如何看待它们。重要的是，我们如何能将这些缺点转化为优点，并将这个优点好好运用和发挥，获得更好的效果。有些缺点可能恰恰是一种美丽的优点，经意之间便会铸就另一种人生。

有一个孩子生下来就有残疾，一条腿长，一条腿短。从小他就看惯了太多人的白眼，听惯了太多人的嘲笑，于是他变得沉默而敏感，用自卑把

自己封闭了起来。

　　每次上体育课都是他最难熬的时间，行走在队列之中，他是那样显眼。而且，许多活动他都无法参加，只能坐在一边眼巴巴地看着别人玩儿。还有就是每天上午第二节课后的课间操，是更令他难堪的事，在大操场上，全校的学生都在，他摇摇晃晃做操的时候，周围总会有人小声地笑。

　　于是他每天就更沉默，拼命地学习，什么活动也不参加。初二的一天，班里组织去爬山，老师说每个人都要去，谁也不能请假。这让他慌乱不已，因为自己的腿，他从没爬过山。他无法想象在爬山的时候，别人会怎样地嘲笑他。可他必须去。下了车，到了山脚下，那山不是很高，却很陡，而且没有现成的路，只能一步步地向上硬爬！

　　老师一声令下，同学们向山上冲去，他也向前猛冲，一开始还跟跟跄跄，可一上了山坡，这种感觉立刻没有了。原来在爬山的时候，别人是看不到他的缺陷的。而且，由于一条腿长一条腿短，他迈步攀登在高低不平的山坡上竟比别人省力得多！这一发现让他惊喜不已，很快，他已超过所有的人而遥遥领先。他回头看时，身后的老师同学都对他报以热烈的掌声。

　　那天回到家，他忽然问："妈妈，为什么我在平地上走路摇摇晃晃的，而爬山的时候却又稳又快呢？"妈妈说："孩子，上天给了你两条不一样长的腿，就是让你比别人走得更高啊！"他一下愣住了。

　　不要为自己的缺陷而自卑烦恼，最艰难的路段上，缺陷有时就是引领你向上的优势。

　　人，就像一只苹果，有的皮黯，有的形歪。有的虫咬，有的雹打，多不完美。而鲜壳润泽、芳香诱人的，上帝又会忍不住咬一口。所谓"天妒英才"，"红颜薄命"，说的都是这个意思。因此，人生就不可能完美，优势与缺陷并存。所幸的是优势与缺陷是相对的，在特定的情况下，它们可能发生转变。因此我们不必为自己的缺陷而悲哀，而要善于将自己的缺陷变成优势，在社会大舞台上找到最适合自己的一个角色。

5. 自救才是最可靠的出路

　　人存于世，难免会碰到各种各样的问题，不管你身居何位，身处何地，生于何时，长于何境。遇到问题，我们总是希望能到帮助解脱救赎，我们总是幻想着有那么一个人那么一件事那么一个东西，能够救助自己，我们总是幻想着，当到了那个时候，当遇到那么一个人时，当得到那么一件东西时，我们便能获得解脱和救赎。我们总是幻想着自己是至尊宝，之所以还没有变成孙悟空，是还没碰到给我们脚底点上三颗痔的人。也许，真的让你等来了那个时候那个人；也许，那个人永远不会出现；到最后，能救我们自己的，也就我们自己而已。

　　事实上，也只有我们自己才能救赎自己。放下疼，放下痛，卸去负担与执着，就这样简单地过着朴素的生活，这不是很好，很快乐吗？简单纯粹而快乐着。只是关键在于转身那一步，迈过了，也就好了；没迈过，便继续执着于痛苦中。

　　欧尔·卡尔逊生下来就四肢瘫痪，不能自由操纵手足的活动，也不能说话，可是他的毅力终于助他克服了机能上的残疾。经过艰苦的努力，他终于获得了美国耶鲁大学的学位，现在他是一名非常有名的瘫痪症专家，正在帮助同他一样不幸的瘫痪症患者。他还曾写过一本自传，书名为《生就这副怪相》。这是何等的英勇！何等的坚忍！何等的自制！

"自己拯救自己"永远是成功者的信条。为什么？一个人要想成功，必须要依靠自己的能量，使自己变得坚忍，因为人生从来就不是很轻松、很温柔、很舒适的。否则我们就不会了解"掉眼泪的地方，相聚皆为弱者"这句话的深意了。人生能使懦弱的人变得刚强，也能使刚强的人变得柔顺，关键看你怎么面对。

心理学研究发现，在人类的心理现象里，有一种"过量补偿"效应，即弥补弱点过的倾向。有时补足了弱点以后，尚有剩余之量，就会向优点的方向延伸。因此，当你遭遇时运不济或被厄运的车轮压过头顶时，如想脱离困境，从中改善过来，那就不要忘记这种"过量补偿"的效应，你要不断地以此鼓励自己，对自己进行有力的心理暗示。只要具有这种强有力的精神后盾，就能不断地努力，直至争取到人生的大转机。

汤姆和凯莉是一对兄妹，他们原本生活在一个富有而幸福的家庭里。可是，突然来袭的双重打击，让这个家庭的欢笑不复存在。这对兄妹都遭遇了飞来横祸。

先是高中生的凯莉，她在一次放学回家的路上，被一群流氓盯上，最后被这群人强暴了。此后，她一直被痛苦的记忆折磨着，不得不放弃学业，将自己封闭起来，甚至不再和任何男性交往，过着自闭的生活。虽然凯莉只受过一次伤害，但她却时时刻刻都在那段痛苦的阴影中苦苦自度、无法释怀。不堪精神重负的她，最终患上了严重的抑郁症。

然后是毕业后的汤姆，他与几个朋友一起创业，几年下来也积攒了不少钱。原本充满雄心的他，憧憬着自己以后美好的事业发展。但是，事与愿违，就在他满怀信心为之努力的时候，自己的资金被最信赖的朋友骗走了。这让汤姆非常痛苦，虽然此时自己还很年轻，也有很多能东山再起的

机会，但是他始终都在被背叛的痛苦里不能自拔，再也找回不了以前的雄心壮志。最终将生活过得一塌糊涂。

其实，如果两兄妹都能从过去的经历中解脱出来，勇敢地面对以后的生活，那么他们的人生同样会过得多姿多彩。尽管忘记伤痛是一件很难的事情，但只要过去的事情损害了目前存在的意义，如果不能学习忘记，不能自己从那种阴影中走出来，你就等于时刻在背负着一个沉重的包袱，戴着一个无形的枷锁，这样只会让自己过得更累更苦。

在我们的人生里有无数的困难、障碍，这是必然存在而不容忽视的阻力；但只要你拥有真正的自信，你就能够勇敢、愉快地面对它们了。与无限的潜能建立密切的关系，便能使你拥有更深刻、不动摇的、永恒的成功的能力而得以突破，把握住人生的转折点。

我们的现实生活中，有太多人，不是浪费生命荒唐度日，就是怨愤消极骂天骂地，甚至有的人幻想依靠神，而这世界根本没有神，若有神，我们也不能靠他们，我们只能靠自己拯救自己。

我们总是不知不觉地祈望有一个神，想着把造物者当阿拉丁神灯里的"灯奴"。当我们一有困难，他就有义务去完成使命，百分之百地满足我们的欲望和要求。但这是我们的生活吗？我们的人格与操守能容忍自己这样吗？让他们每天在为我们解决我们自己的那些理所当然的困难和不幸？让他们在我们需要时随时随地出现？甚至天天给我们以适当的教导？这还是有尊严的生活吗？

当你遭遇不幸时，你需要抬起头来，严肃对待，并对自己说："这没什么，我还不足以被这些给打败。"只要吸取过去的教训，你就一定可以从中受益，战胜过去的阴影，有勇气面对以后的一切。

唯有自救，才是最可靠的出路。你或许可以得到别人的安慰和帮助，但关键还在于你自己愿意跨出那一步。因为经历风雨的是你，也只有你自己才能继续走下去去看见那雨后的彩虹。只有你自己最清楚自己的心哪里最痛，哪里最需要止疼安抚。

其实，要过什么样的日子，走什么样的路，最后的决定者还是自己，一切只能靠自己拯救自己。

我们愿意用生命体验真正的人生，我们渴望人们能承认自己的价值，我们渴望能成为我们自己的主人，我们渴望能拥有一个新的生命新的人生。

那么终会有一天，我们自己不再受生存的限制，靠自己彻底拯救我们自己，甚至我们自己进入了历史中也成为一个伟人，以我们的生命启示后来者。这是何等的荣耀呀！

这或许也是靠自己拯救自己者的最大幸福了！

6. 最高智慧是认知自己

古希腊巴纳斯山入口处的巨石上，镌刻着这样几个大字：认识你自己！

古希腊哲学家认为人类的最高智慧就是认识自己。就像一个人为了爱他人而必须了解那个人和他的真正需求一样，人必须认知自己，了解自己，以便理解自己生命的意义，自我的价值和真正的快乐，并认识怎样才能实现这些需要。

如果有朋友问你：长江上有几条船？你会不会被弄得莫名其妙？你会怎么回答呢？其实，这个问题很简单：长江上只有两条船——一条叫"名"，一条叫"利"。人生真的就那么简单嘛？你得到了"名"和"利"之后，就幸福快乐了吗？还是只会使你陷入更大的空虚之中呢？

其实很多人并没有真正属于自己的目标，他们大都以社会的价值观为自己的价值观。大多数人会告诉你，他的人生目标就是要成功，就是要赚很多钱，就是要功成名就。但是，真正静下心来仔细想想，这是你真心想要得到的吗？还是这是采用了别人的想法，活在了别人的模式里？或者只是深植在你脑海中的社会价值标准？

奇怪的是，人们都不知道自己是谁，真正需要的是什么，却要尽力成为某个人，在生活中不停地追寻。这不是盲人骑瞎马吗？在你的生命中，最重要、最值得追求的到底是什么？你有没有试着去寻找答案？

如果没有自己的价值观，不了解自己的本质，忽略对真我的认识；那么，心灵的迷失，人云亦云的随波逐流，就是必然的结果。太强的功利观，也许会造就一大群杰出的工程师、律师、医生、企业家和政治家，但却会让他们缺少对自己的认识以及对生命的热爱，终究导致对生命意义的怀疑。

美国从事个性分析的专家罗伯特·菲利普，在办公室接待了一个因自己开办的企业倒闭、负债累累、离开妻女的流浪者。那人进门打招呼说："我来这儿，是想见见这本书的作者。"说着，他从口袋里拿出一本名为《自信心》的书，那是罗伯特许多年前写的。流浪者继续说："一定是命运之神在昨天下午把这本书放入我的口袋里的，因为我当时决定跳到密西根湖，结束自己的生命的。我看到了这本书，使我产生新的看法，为我带来了勇气及希望，并支持我度过昨天晚上。我已下定决心，只要我能见到这本书的作者，他一定能帮助我再度站起来。现在，我来了，我想知道你能替我这样的人做些什么？"

在他说话的时候，罗伯特从头到脚打量了一下流浪者，发现它茫然的眼神、沮丧的皱纹、十来天没有刮过的胡须以及紧张的神态，完全向罗伯特展现出，他已经无可救药了。但罗伯特不忍心对他这样说。因此，请他坐下来，要他把他的故事完完整整地说出来。

听完流浪者的故事，罗伯特想了想，说："虽然我没有办法帮助你，但如果你愿意的话，我可以介绍你去见本大楼的一个人，他可以帮助你赚回你所损失的钱，并帮助你东山再起。"罗伯特刚说完，流浪者立刻跳了起来，握住罗伯特的手，说："看在上帝的份上，请带我去见见这个

人吧。"

他会为了"上帝"而提出这个要求，看得出他心中还留有一丝希望。所以，罗伯特拉着他的手，引导他来到从事个性分析的心理实验室里，和他一起站在一块看着像是挂在门口的窗帘之前。罗伯特把窗帘布拉开，露出一面高大的镜子，他可以从镜子里看见他的全身。罗伯特指着镜子说："就是这个人。在这个世界上，只有一个人能够使你东山再起，除非你坐下来，彻底认识这个人——当做你从前并未认识过他，否则，你只能回去跳密西根湖了。因为在你对这个人做出充分的认识之前，对于你自己或者这个世界来说，你都将会是一个没有任何价值的废物。"

流浪者朝着镜子走了几步，用手摸摸他长满胡须的脸孔，对着镜子里的人从头到脚地打量了几分钟，然后后退几步，低下头，开始哭泣起来。一会儿之后，罗伯特领着他走出实验室，送他离去。

几天后，罗伯特在街上碰到了这个人，而他不再是一个流浪者的形象，他西装革履，步伐轻快而有力，昂首阔步，原本那副衰老、不安、紧张的姿态已经消失不见了。他说，他感谢罗伯特先生，让他找回了自己，很快找到了工作。后来，这个人真的东山再起，成为了芝加哥有名的企业家约瑟夫·麦顿。

很多时候，很多人并不认知自己是个什么样的人，这不仅是人们常常存在的一种失误，而且往往也是人类很难超越的人性弱点。要解决这个问题也很简单，照照镜子，你或许就能找回那个真正的自己。

从根本上讲，认知自己就是了解自己，对自己负责。抽象一点说，就是对"自我心像"有一个全面透彻的了解和掌握，从而避免人生的盲目。因此，认知自己就是为了克服人生的弱点。

美国哈佛大学著名成功学家皮鲁克斯说："在人的表面之下，还有一个自我心像的存在。这个抽象的自我心像，它是你心灵的真面目，规划着你的生活。它与你的心灵连为一体，使你无法脱离。不管你是否了解，它始终控制了你的生命，你的一切作为都得听从它的指令。自我心像就是我们内心的陌生人。它是心灵的跳动，内心的时钟，能否剔除快乐或哀伤的时光，全看你自己是否了解它。假如你想利用往日成功的优点，你必须将信心、勇气和自信运用于目前的工作，这样才能改变或增进你的自我心像，内心的陌生人才会变成你最好的朋友，并且鼓励你迈向尊贵与充实之路。"

"自我心像"是你认识自己的起点之一。记住最重要的一点，这个陌生人并不控制你，而是由你控制它。能够使它具有创造力，你就能从有限的生命中，获得更充实的生命。就像拿破仑说的一样："除了自己，没有人能够伤害我。"

林肯任总统时，他的顾问想要推荐一位内阁人员。林肯不同意，当他追问原因时，林肯说："我不喜欢这个人的面孔。"顾问问他："但是这个可怜的家伙是不必为他的面孔负责的。"林肯答道："每个人年过四十之后，就该为他自己的面孔负责了。这个人面孔上透露出一种不负责的样子，所以他缺乏认识自己的精神。"于是这事情就此作罢。

分析专家认为：林肯的意思是说，每个人都应该认知自己，例如四十年的岁月应该在人的面孔上铭刻下许多的痕迹——快乐、忧愁、热情、错误、悲痛，或因寂寞与失望而生的感受，以及解决问题的决心。由于种种情绪上和精神上的起伏，人们得以变得更明智、更温和、更富有同情心。他们能了解自己和别人的需要。他们能表达仁慈和怜悯，愿意消除怨恨、仇恨、固执，能够对抗无常与孤独。在这种情况下，找到了伟大的自我，脸上留下皱纹又有什么关系？况且皱纹并不是长在心灵的面孔上。

莎士比亚说过："对自己绝对要真实，如此你就可以永远对自己负责，

并认识自己。"不管怎样，我们认为，一个人了解自己、对自己负责是认识自己不可或缺的内容。假如你缺乏自己对自己真实的要求，那么就不可能真正地认知自己。

人应该找回自己，活出自己想要的生命。人生是一出戏，在自己生命的舞台上，我们是编剧，是导演，更是主角。我们是这出戏的中心，四周的人，充其量都只是配角而已。卢梭说："对于整个世界我微不足道，但是我对于自己确是全部。"认知自我，能时时刻刻保持着这个真正的自己，才能完成上天赋予自己的使命。只有把"心"稳住了，在生命的汪洋大海里，才能平稳地驶往我们的目的地。

心灵回收站

修复心灵的漏洞 | 安装爱的补丁

卷四　设计出自己的心灵桌面
Manament and dlog

　　失去人生目标，感觉生活重压，不仅忘了怎么去笑，更忘了自己曾经在心里绘出的图画。点击出那幅图，放大，修复，调色，最后放在心灵的桌面上，让这曾经的图画来阐述那最简单的生活和最快乐的自我。

1. 高举梦想的火炬

　　哈佛大学唯一的女校长——德鲁·福斯特说过："如果连你自己都不去追求你认为最有价值的事，你终将后悔。人生路漫漫，你总有时间去给自己留'后路'，但可别一开始就走'后路'。"这是简单的却又是很多人难以企及的道理。梦想在前方闪烁着夺目的光芒，我们却往往绕道而行。不去尝试，就永远不会知道梦想能不能够完成。更何况在很多时候，完成梦想并不是想象中的那样困难。古今中外，那些完成自己梦想的人，并不是他们有多么的幸运或者能力有多么的超群，只是他们敢于尝试和坚持，朝向梦想，不言放弃，即便梦想再远，也总会有到达的一天。

　　多年以前，在美国有一个小男孩，他整天跟着当马术师的父亲走南闯北，四处谋生。由于生活的不确定性，致使他求学并不顺利，成绩也不尽理想。

　　有一天，老师给全班同学布置了一篇作文，题目叫做《长大后的志愿》。那天晚上，小男孩非常认真地铺纸提笔，洋洋洒洒地写了三张纸。他说："我长大以后，想要拥有一个占地千亩以上的属于自己的农场，在农场的中央我还要建造一栋占地5000平方米的住宅，并且拥有很多很多的牛、羊、马、猪和鸡、鸭、鹅、狗。"第二天，当他把作文交给老师时，老师却给他打了一个又红又大的F，并且让他下课后去见老师。

下课后，他怀着不解的心情，问道："老师，您为什么给我不及格？"老师说："我觉得，你的愿望是不切实际的，你敢肯定你长大后能买得起农场吗？你又怎么能建起一座5000平方米的住宅呢？如果你肯重新写一个实际点的志愿，那么我会考虑重新给你分的。"男孩回家后，询问父亲。父亲语重心长地说："儿子，这是一个非常重要的决定，我认为，拿一个大红的F，并不重要，而最重要的是绝不能轻易放弃自己的梦想。"儿子听后，牢牢地将父亲的话记在心底。他并没有重新写那篇文章，也没有更改自己的志愿。

事隔30年之后，这位老师带着一群小学生到一处风景优美的度假胜地旅行，在尽情享受无边的绿草，舒适的住宿，及香味四溢的烤肉之余，他望见一名中年人向他走来，并自称曾是他的学生。这位中年人告诉他的老师，他正是当年那个作文不及格的小学生，如今，他拥有这片广阔的度假庄园，真的实现了儿时的梦想。

老师望着这位庄园的主人，想到自己30余年来，不敢梦想的教师生涯，不禁喟叹："30年来为了我自己，不知道用成绩改掉了多少学生的梦想。而你，是唯一保留自己的梦想，没有被我改掉的。"

30年前的那个男孩果真拥有了一大片属于自己的农场，也果真在农场的中央建造了一栋舒适而漂亮的豪宅。这个男孩就是美国著名的马术师——杰克·亚当斯。

梦想是什么？梦想其实就是一种信念，它是理想和意志的融合；它是精神和品格的交汇；它是成功事业的台阶；它是战胜艰难的力量。千万不要让别人轻易就偷走你的梦想，因为任何人对你说你的梦想不可能实现的

时候，他都是凭借自己的经验在给你做判断。

　　当然，在追求梦想的同时，你会遇到充满艰辛的跋涉和充满凶险的开拓。但是只要你能高擎起心中那把永不熄灭的梦想火炬，一路上披荆斩棘，你就会变梦想为支撑灵魂的最大动力，从而排除外界的压力，扫荡怯懦和自卑，保持清醒的头脑。也只有这样，当你抵达胜利彼岸的时候，你会惊喜地发现：那里有冉冉升起的太阳，有永不凋谢的红花，有生命之树的常绿，有智慧之泉的喷涌。

2. 画出自己的图画

美国一位著名的教育学家说过："你可以把一匹马领到河边，却不能做到如你所愿地让它喝水。"生活中也是这样，别人可以指示比自己低一层的人们去做自身认为对的事，却不一定能让实施者能抱着同样的态度去看这件事。老师的作用就是把学生带到饭桌前，面对一桌的饭菜，讲解哪些饭菜有什么样的营养，应该怎么吃，吃多吃少等等问题，但最终结果还是要看学生本身对各个饭菜的喜好程度了。

爱因斯坦说过："有天赋的人很多，而成功的关键就在于你对待你的所做的事情时，是否如何投入属于你自己的理念和为之坚持的热情。"

有个叫小轩的男孩，要去上小学了。刚刚上学的小轩对一切事物都是感到那么的好奇和兴奋。

一天早上，老师开始上课，她说："今天，我们来学画画。"那小轩心里很是开心。他喜欢画画。小轩开始想象着要画许多东西——狮子和老虎，大树和太阳，天安门和红旗……

他开始兴奋地拿出蜡笔，径自画了起来。

但是，老师说："等等，现在还不能开始。"

老师停了下来，直到全班都专心看着他。老师又说："现在，我们来学画花。"

小轩喜欢画花儿，他开始用粉红色、橙色、蓝色蜡笔，勾勒出他自己的花朵。

但此时，老师又打断大家："等等，我要教你们怎么画。"

于是她拿出粉笔在黑板上很熟练地画了一朵花。花是红色的，茎是绿色的。"看这里，你们可以开始学着画了。"

小轩看着老师画的花，又再看看自己画的，他比较喜欢自己的花儿。但是他不能说出来，只能把老师的花画在纸的背面，那是一朵红色的花，带着绿色的茎。

另一天，学校上手工课，老师说："今天，我们用黏土来做东西。"

小轩还是很高兴，他喜欢玩黏土。他又开始想象着要用黏上做许多东西：汽车、小船、长剑、长颈鹿、海豚……于是他开始捶揉个球状的黏土。

老师说："现在，我们来做个盘子。"

小轩心想："嗯，我也喜欢。"他喜欢做盘子，没多久，一个有趣的盘子便捏出来了。

但老师说："等等，我要教你们怎么做。"老师捏黏土，很快就做了一个深底的盘子出来。"你们可以照着做了。"

小轩看着老师做的盘子，又看看自己的，他实在比较喜欢自己的。但他不能说，他只是将黏土又揉成一个大球，再照着老师的方法做，做成那个深底的盘子。

很快的，小轩学会等着、看着，仿效老师做相同的事。很快的，他不再创造自己的东西了。

一天，全家人要搬到其他城市，而小轩只得转学到其他学校。这所学校甚至更大，教室也不在校门口边。现在，他要爬楼梯，沿着长廊走，才能到达教室。

第一天上课，老师说："今天，我们来画画。"小轩懒洋洋地趴在桌子上，他等着老师教他怎么做。但老师什么也没说，只是沿着教室走。

老师来到身边，她问："你不喜欢画画吗？"

"我很喜欢啊！今天我们要画什么？"

"我不知道，让你们自由发挥。"

"那，我应该怎样画呢？"

"随你喜欢。"老师回答。

"可以用任何颜色吗？"

老师对着他说："如果每个人都画相同的图案，用一样的颜色，我怎么分辨是谁画的呢？"

于是，小轩开始用粉红色、橙色、蓝色画出自己的小轩花。

渐渐地，小轩喜欢上了这个新学校。

·

画家如果拿旁人的作品做自己的标准或典范，他画出来的画就没有什么价值，如果努力从自然事物中学习，他们就会得到很好的结果。

一个人可能很富有，也可能很贫穷；可能很伟大，也可能很普通。但这些都不是幸福的真正源泉。只有你找准了自己的位置，做你自己喜欢的事情，你就会全心投入其中，从中体会出独有的乐趣，从而让你走向成功，获得幸福。

3. 快乐回报

　　快乐是一种不可捉摸的东西，也是一种追求不了的东西。放眼四周，其实到处都洋溢着快乐的气氛，只是你没有那双可以发现快乐的眼睛。快乐是美好的，快乐是可以分享的，快乐是需要传递的。与别人分享快乐是人世间最美好的事情了。

　　正如培根说的："一分忧愁与人分享之后，你将少了一半的忧愁。一分快乐与人分享之后，你将多了一倍的快乐。"

　　张员外是一个城镇的首富，但生活得并不快乐。先是亲戚和朋友向他借钱，但都是有去无回，这让他很伤心。后来张员外花钱请戏班子唱场戏，让大家去看。结果，那天晚上他的家让人给盗了。张员外实在想不明白，自己对他们这么好，他们为什么这样？从此，张员外变得越来越不快乐。

　　直到有一天，张员外家门前来了一位远游的高僧。

　　张员外便把自己的苦闷向高僧说了。高僧听罢笑了，说，我有一个快乐的秘方放在山上的庙中了，施主愿意跟我去拿吗？不过路很远的，你得带上足够的盘缠。

就这样，张员外跟高僧上路了。路真的很远，他们走过了一个又一个村庄，翻过了一座又一座高山。路上张员外遇到很多穷人，高僧毫不犹豫地让他掏出钱施舍给穷人，直到他口袋里的钱越来越少了。张员外有点儿担心，他拿到秘方后怎么回来？

高僧看出了张员外的心思。高僧说，你不必担心，我保证你到时候会开开心心地回到家。

张员外听了高僧的话，就把剩余的盘缠也毫无保留地施舍给了穷人。

他们终于来到了庙中。他便向高僧讨要快乐的秘方。

高僧说，我已经把秘方给你了啊！

张员外听了很吃惊，说，你什么时候给我的，我怎么不知道啊？

高僧说，你既然来了，就过一些日子再回去吧。

于是，张员外便在山上度过了一段日子。在庙中，他听和尚们念那些听不懂的经文，时间久了，张员外就很烦躁。他向高僧要盘缠回去。

高僧说，我已经把盘缠给你了。

张员外一听明白了，这是个骗人的僧人，他前前后后在逗自己玩儿呢！张员外一气之下离开了庙，下山去了，一赌气跑出了很远。当他来到一个小山村的时候已经很饿了，但他的口袋空空的，他不知道如何是好。

这个时候，一个老农从张员外眼前走过，一眼就认出他来了，说，哎呀，这不是我的恩人吗？你怎么会来到这里？张员外想不起对这个老农施舍过什么，但老农已经把他当亲人一样看待了。老农把张员外领到家中过了一晚。

次日，张员外继续赶路。在途中，每当他遇到困难的时候，就会有人来帮他，那些人对张员外的印象很深，一眼就能认出他，这让他感到惊喜。一路上，张员外没有分文，受着人家的施舍快乐地回到了家。

回到家，张员外才恍然大悟，高僧真的把快乐给了他。原来，带着快

乐去施舍，这快乐早晚也要回到自己身上的。以前他的施舍里充满了回报的欲念，那欲念带来的痛苦也自然回到了他的身上。

世界上的万物都是相互依赖的，生命的整体都是相互依存的。你使它快乐，它也会使你快乐。如果你能使一朵鲜花快乐，不用自己的手随意折毁它，那么鲜花也会使你快乐，在你苦闷烦恼时为你送上一束醉人的温馨。

不仅世上万物相互依赖，在人的社会中，千千万万个人也是相互依赖、相互依存的。你给别人一个烦恼，别人也会还你一个烦恼。反之，你送别人一个快乐，别人也会赠你一个快乐。

与人即与己，快乐亦回报。

4. 挠痒与烦恼的禅意

　　人生烦恼无数。先贤说，把心沉静下来，什么也不去想，就没有烦恼了。先贤的话，像是扔进水中的石子，想想甚至什么都没想，就沉静下来了。而芸芸众生，在听到石子落水的一声闷响之后，烦恼便又涟漪一般荡漾开来，而且是层出不穷。

　　幸福总围绕在别人身边，烦恼总缠绕在自己心里——这是大多数人对幸福和烦恼的理解。差学生以为考了高分就可以没有烦恼，贫穷的人以为有了钱就可以得到幸福。结果是，有烦恼的依旧难消烦恼，不幸福的仍然难得幸福。

　　烦恼，永远是寻找幸福的人命中的劫数。

　　有一个年轻人，跑去向智者倾诉烦恼。年轻人说了很多，可智者总是笑而不答。等年轻人说完了，智者才说："我来给你挠一下痒吧。"

　　年轻人不解地问："您不给我解答烦恼，却要给我挠痒，我的烦恼与挠痒有什么关系呢？何况我并不需要挠痒！"

　　智者说："有关系，并且关系大着呢！"年轻人无奈，只好掀开背上的衣服，让智者给自己挠痒。智者只是随便在年轻人的身上挠了一下，便再

也不理他了。年轻人突然觉得自己背上有一个地方痒得难受，便对智者说："您再给我挠一下吧。"

智者于是又在年轻人的背上挠了一下。可是，年轻人觉得这里刚挠完，那里又痒了起来，便求智者再给自己挠一下。就这样，在年轻人的要求下，智者给年轻人挠了一上午的痒。

年轻人走的时候，智者问："你还觉得烦恼吗?"整整一上午，年轻人都在缠着智者给自己挠痒，居然将所有烦恼的事情都给忘记了。于是，他摇了摇头说："不烦恼了。"智者这才点头笑着说："其实，烦恼就像挠痒，你本来是不觉得痒的，但是如果你闲来无事，去挠了一下，便痒了起来，并且越挠越痒。烦恼也是一样，本来你不觉得烦恼，只是如果你闲来无事时，去想了一些令自己烦恼的事，你便开始烦恼了起来，并且越想越烦。"

年轻人似有所悟。智者接着说："烦恼最喜欢去找那些闲着没事的人，一个整天忙碌着的人，是没有时间去烦恼的!"

生命本是一袭华美的长袍，烦恼好比长袍上爬满的虱子。远离烦恼，应该是一件极为美妙的事情，可我们却依然被烦恼左右着，难以愉悦开怀，尽管我们不断地向别人兜售快乐的好处。我们很清楚地知道烦恼对个人而言是极为无聊而又无济于事，可我们还是照样烦恼。此时的理智对于烦恼已经不起作用。不知道谁说过烦恼和欲望直接相联。欲望满足了自然会快乐，欲望没有被满足就开始烦恼，所以理智肯定不能使人不烦恼。

烦恼不是好感觉，所以要顺其自然。我们想问题，如果都能看到事物的两面性，就不会有许多烦恼了。下雨的时候，想着天上会出彩虹;爬坡的时候，告诉自己身边有风景;人生的路要活出精彩。还在乎什么呢?

记得有一句话是这样说的，随着年龄的增长，额上生出皱纹是没有办法的事，但别让心也产生皱纹。

5. 生活的篓子

有时候我们会发现生命中有许多东西是我们不需要的，我们甚至不必去拥有。但很多人却毕其一生，卯足全力、费尽心思在追求，也因为多欲、多求而自此衍生烦恼。其实我们需要的不多，但想要的却很多，这是人类贪婪的习性，一日不克服就有一日的烦恼。简单的生活会让我们创造出知足的空间，相反的，拥有得太多或欲望太多则会丧失知足的空间。生活因为简单而无形中减少了身心的负担，生活中一旦负担减轻，日子当然过得快乐。

曾经有个人，他总埋怨生活的压力太大，生活的担子太重，他试图放下担子。他觉得很累，压得他透不过气来。他听人说，哲人柏拉图可以帮助别人解决问题。于是，他便去请教柏拉图。柏拉图听完了他的故事，给了他一个空篓子，说："背起这个篓子，朝山顶去。可你每走一步，必须捡起一块石头放进篓子里。等你到了山顶的时候，你自然会知道解救你自己的方法。去吧！去找寻你的答案吧……"于是，年轻人开始了他寻找答案的旅程！

刚上道，他精力充沛，一路上蹦蹦跳跳，把自己认为最好的、最美的

石头，都一个一个扔进篓子里。每扔进一个，便觉得自己拥有了一件世上最美丽的东西，很充实，很快乐。于是，他在欢笑嬉戏中走完了旅程的三分之一。可是，空篓子里的东西多了起来，也渐渐重了起来。他开始感到，篓子在肩上越来越沉。但他很执著，仍一如既往地前进。

而最后一个三分之一的旅程确实是让他吃尽了苦头。他已经无暇顾及那些世界上最美丽、最惹人怜爱的东西了。为了不让沉重的篓子变得更重，他毅然放弃了这些，只是挑选了些非常轻的、非常需要的或是必不可少的东西放进篓子。他深知，这样的放弃是必要的。然而，无论他挑多轻的东西放入篓子，篓子的重量也丝毫不会减少，它只会加重，再加重，直到他无力承受。但最后，他还是背着篓子，踏上了这最后的三分之一旅程。

他明白，路，真的已经不远了。他挪着脚步，已经不在乎捡到的是什么，放进篓子的又是什么。他早已麻木于眼前的一切事物，不管是美丽的、是喜欢的、是需要的，亦或是轻巧的。他实在是无力去挑选它们了，只要是在他脚下，在他眼前，在他触手可及的地方，那么，他便捡起它，以作为他所走的最后一段旅程的验证品。

眼看着离目标越来越近，他双手向后托起篓子，来了个最后冲刺。终于，他碰到了柏拉图的手，他走完了全程，结束了这一场奋斗史！柏拉图问："现在，你知道答案了吗？"他莞尔一笑，摇了摇头："我不知道答案。但现在，我也不需要知道了。""噢？"

是啊！他把这次的旅程分成了三段。这就好比他人生中的三个阶段：青年、中年和老年时期。在青年，他挑选了他认为是最美好、最纯真的事物，就像他天真浪漫的童年一样，没有压力，没有负担，只是单纯地认为它美丽，便捡起它；在中年，他挑选了他认为是最实在、最需要的事物，正如成年人一样，有自己的责任，有自己的负担，时刻要为一家上下打点一切，时刻都要保持着理性的头脑；在老年，他挑选了他认为是可以轻易得到，却又往往被人忽视的事物，或许老人们历经沧桑之后，已经懂得，原来对他们最重要的事物，是眼前不被人重视的事物。回顾一生，他才发现，他的生活充满了酸甜苦辣，他的生活跌宕起伏，他的生活也不再是一片空白，不再是毫无意义！随着年龄的增长，他必须要肩负起生活的责任。也许，他会感到生活的压力，也许，这一份份的压力会越来越重，但在每一份重量增加的同时，他会得到惊喜，得到安慰，亦或是悲伤，亦或是痛苦。可人生，谁不是忽喜忽悲，苦乐参半呢？没有起起伏伏的人生，这样活着有什么意义呢？他的生活，不是平坦的，但在到达终点的那一刻，在回顾这三段旅程的那一刻，他比谁都自信，比谁都骄傲。因为，他有充实的生活，他活得精彩！所以现在，他又何必为怎样减轻这沉重的担子而苦恼呢？

柏拉图会心一笑。他突然发现，其实，柏拉图和他一样，也不过是芸芸众生中一个平凡人物罢了……

6. 笑对苦闷人生的智慧

　　谁不曾为平庸而心烦气燥？然而，人生除死无大事，凡事心存希望，一切就终有转机！

　　她是个安静的女孩儿，最大的理想就是有一个属于自己的大房子。可以在里面呼呼大睡，而不用担心妈妈揪着耳朵叫自己上学。她总幻想自己的人生能平平稳稳，过着衣食无忧、平淡快乐的生活。

　　然而，现实总是很轻易地将每个人美丽温暖的梦击碎。上了大学之后，不仅希望过上的生活没有实现，而且她还陷入了抑郁的情绪里。冗长的课程，迷茫的未来，枯燥的社交活动，都让她感到压抑。内向的她渐渐明白了要想实现自己的理想，就必须在生活中努力奋斗，出人头地。于是，她开始拼命地学习功课，把大部分的时间都放在了学业上。她努力参加各种校园内外的活动，很用心地想融入别人的圈子里。

　　可渐渐地，她发现自己无论怎样努力，功课永远都不是最好的。与此同时，内向的自己也在社交中显得木讷，不善表达。她失望地发现原来自己真的不是特别出色，平凡的自己似乎毫无成功的资本。平庸的生活带来了无穷的苦闷，没有关注、没有鲜花、没有掌声，找不到自己存在的价值。有很长一段时间，她心甘情愿地随波逐流，她觉得自己这样的人很难和成功沾上边儿了，渐渐死了心。

既然没办法在人群中崭露头角，她反倒不再那么焦躁了。那段时间里，默默无闻的她体验过了焦虑、压抑、苦闷的种种情绪，也学会了和这些负面情绪和平共处。每个平凡的生命，都要经历这种苦闷的压力，想到这些，她反而变得淡然许多。既然现实无法改变，她便尝试着改变心情，努力在苦闷中学会快乐，在平庸中发现惊喜。渐渐地，她发现其实身边有很多好玩有趣的人和事情。尤其是很多人的搞怪表情和乐观的心态，深深触动了她的心灵。她开始尝试着将这些人的表情和有趣的生活状态糅合到一起，创作出自己娱乐的卡通图片。

让她没想到的是，这些卡通图片竟然引起了身边人的注意，并且大受欢迎。同学朋友们纷纷转载她的图片，在极短的时间里，她设计的那只可爱搞怪、表情丰富的小兔子迅速蹿红网络，成了网虫们最喜欢的表情人物，下载量连创纪录。

这个创造了"兔斯基"系列图片的小女孩儿叫王卯卯，今年刚刚21岁，只是北京一所高校动画系沉默寡言的小姑娘。这个平凡女孩儿的成功，让人不得不深思：每个人生命中都有一段不认可，不被重视，找不到未来发展方向的生活。每个人都体会着平凡带来的苦闷和压抑，面对这种心灵的煎熬，我们应该如何面对？是沉沦消极，还是淡然接受？用王卯卯的话说："那种苦闷压抑的生活让我喘不过气来，如果我不是在苦闷中学会让自己愉快起来，我早被自己的压抑压垮了，根本就谈不上成功了！"

世界上最可怕的就是努力结不出硕果，付出得不到回报。当失败成为常态，雄心沦为无奈，整日的奔波奋斗却换来毫无起色的未来，这样的生活，又有几人坚持得下来？平庸的人生，就是因为在反复的失败中，放弃了自己。

世界可以无奈，你却不能对生活撒娇耍赖。只有破罐才会破摔。天地

无情，不会因为你的弱小而加以青睐。要想让世界知道你的存在，就必须在苦闷中学会愉快。每个人都是磁场，放弃招来堕落，坚持吸引希望。谁不曾为未来迷茫？谁不曾为平凡焦虑？谁不曾为平庸而心烦气燥？然而，人生除死无大事，凡事心存希望，一切就终有转机！

在苦闷中学会愉快，不仅宣泄了现实压抑下的苦闷，而且还能让你在平和的心态中开拓未来。凡有蓝天处，必有阳光；凡有成功处，就必有笑对苦闷人生的智慧！

心灵回收站

修复心灵的漏洞 | 安装爱的补丁

卷五　苦难般的缓冲是为了能更流畅地浏览生活主页
Manament and dlog

　　再长久的苦难也只是人生中一次短暂的缓冲，它或许会令我们很痛苦很抓狂，甚至想放弃。但是，当按下名叫"坚强"的刷新键，耐心稍等，从头再来时，就会发现那一幅生活的主页竟是这么快速而顺利地展现出来了。

1. 地狱磨练之后就是天堂入口

"天降大任于斯人也，必先苦其心志，劳其筋骨，饿其体肤，空乏其身，行拂乱其所为，所以动心忍性，曾益其所不能。"虽然人人都明白这个道理，但是平心而论，谁也不希望自己经常性的忍受折磨式的历练。然而理想与现实总是有差距的，纵使人人都向往安然的生活，但磨炼总会悄悄地袭来，让人大感不幸。

在美国，曾经有这样一位年轻人：他是名大学生，每逢学校过礼拜或放假，他都得赶到他父亲开设的工厂去上班。他用打工的工资去偿还父母为他垫付的学费和生活费。在厂里，他跟其他工人一样，排队打卡上下班，月底就凭卡片和车间给他评定的质量分和工件的数量与厂里结算工资。

当他终于熬到了大学毕业，他想他可以接管父亲的公司了，可他的父亲不但不让他接管公司，而是对他在生活上更加苛刻。他想不明白，他的父亲是一家公司的董事长，他家并不缺钱花，并且还经常捐钱给福利院，可就是舍不得给他一分钱，连生活费也得定期向父亲索要。而且，他终于被父亲"逼"出了家门。他恨恨地想，他肯定不是自己的亲生父亲，要不然怎么会这样对待他呢？

他想去银行贷款做生意，可父亲坚决不给他担保，没有担保人，他就没办法向银行贷到一分钱。于是他只得去给别人打工，因初出茅庐，未能适应复杂的人际关系，没多久他就被人挤出了公司。失业后，他将打工积累的一点资金用来开了家小店。生意不错，小店慢慢地变成了小公司，小公司又变成了大公司。

令他万分痛心的是，公司最终因为经营管理上的问题而倒闭了。他想到了跳楼，但他实在不甘心就这样离开人世。他认真地思索了自己的过去，思索自己在打工和经商中为什么失败。他总结了自己的种种教训，咬紧牙关，决心挺起胸膛从头再来。

然而，他的父亲这时出人意料地找到他，张开双臂紧紧地拥抱了他，宣布让他来接管自己的公司。对于父亲的决定他非常不解，他说，我现在一无所有是个失败的人，你为什么还要我接管你的公司呢？他的父亲说，不，孩子，你虽然跟几年前一样，依然没拥有金钱，但你拥有了一段可贵的经历，这段经历对你来说既是一场苦难的历练，也是经验的积累。如果我前几年就将公司交给你，很难说你会经营管理得好，也可能迟早会失去这家公司而变得一无所有。可是，现在你拥有了这段经历，你会珍惜这家公司，会把它管好，而且还会让它不断发展壮大。

果然，他不负父亲的厚望，经过不懈努力，将这家规模不大的公司发展成了令世界瞩目的大公司。他就是伯克希尔公司总裁，有着"美国股神"称号的沃伦·巴菲特。沃伦·巴菲特现在拥有350多亿美元资产，仅次于比尔·盖茨，是个真正的富翁。

可见，经历苦难和历练，对于一个人的成长和事业的成功是多么重要。经历了苦难和历练，可以使人积累经验，增强毅力，塑造品格，从而

使人更懂得热爱和珍惜自己的事业和生活，更懂得如何做人与处世，也更懂得如何做好、做大、做强自己的事业。

磨炼是魔鬼给我们出的一道试题，它带给我们的往往都是痛苦的回忆，但是磨炼又是上帝赐给我们的一笔财富，因为这份痛苦背后，是无可替代的宝贵的人生经验。

我们所学习东西诚然是引导人生达到更高境界的捷径，但是它们却不能成为推动人生前进的主要动力，它们无法构成对人生的考验，无法带给人生成熟和坚韧。磨炼带给人的，是学习再多知识也代替不了的。它给人的是一种精神上的历练，是一种能化腐朽为神奇的力量。经历过磨炼的人总是能从人群中脱颖而出，人经历了磨炼，总是能时时刻刻透露出一种坚韧和自信，总是能比别人显得更有精神，更有能力。

正如泰戈尔所说：只有经历过地狱般的磨练，才能练出创造天堂的力量；只有流过血的手指，才能弹出世界的绝唱。磨炼对我们来说，是不可逃避也是不能逃避的，我们唯有正视磨炼，享受磨炼，才能从地狱中开创出自己的天堂。

2. 鹅卵石、沙子、水

生活中有一类人，从小养尊处优，一向习惯于被人照顾，所以自理、自控能力很差。生活中的这类人面对任务时一筹莫展，做事时要么捡芝麻丢西瓜，要么遇事剪不断理还乱。

小到日常事务的执行处理，大到管理你的人生或经营企业，你要学会分清轻重缓急，先做紧急的重要的，再做不急的次要的；在紧急和重要的权衡中，先做紧急的。

在美国一所名校的时间管理课上，教授在桌子上放了一个装水的罐子。然后又从桌子下面拿出一些正好可以从罐口放进罐子里的"鹅卵石"。

教授把石块放进去，问他的学生："你们说这罐子是不是满的？"

"是，"所有的学生异口同声地回答说。"真的吗？"教授笑着问。

然后再从桌底下拿出一袋碎石子，把碎石子从罐口倒下去，摇一摇，再加一些，再问学生："你们说，这罐子现在是不是满的？"这回他的学生不敢回答得太快。最后班上有位学生怯生生地细声回答道："也许没满。"

"很好！"教授说完后，又从桌下拿出一袋沙子，慢慢的倒进罐子里。倒完后，于是再问班上的学生："现在你们再告诉我，这个罐子是满的呢？

还是没满?"

"没有满,"全班同学这下学乖了,大家很有信心地回答说。"好极了!"教授再一次称赞这些"孺子可教也"的学生们。

称赞完了后,教授从桌底下拿出一大瓶水,把水倒在看起来已经被鹅卵石、小碎石、沙子填满了的罐子。当这些事都做完之后,教授正色问他班上的同学:"我们从上面这些事情得到什么重要的功课?"

班上一阵沉默,然后一位自以为聪明的学生回答说:"无论我们的工作多忙,行程排得多满,如果要逼一下的话,还是可以多做些事的。"这位学生回答完后心中很得意地想:"这门课到底讲的是时间管理啊!"

教授听到这样的回答后,点了点头,微笑道:"答案不错,但并不是我要告诉你们的重要信息。"说到这里,这位教授故意顿住,用眼睛向全班同学扫了一遍说:"我想告诉各位最重要的信息是,如果你不先将大的"鹅卵石"放进罐子里去,你也许以后永远没机会把它们再放进去了。"

日常生活中我们要分清事情的主次轻重,分列出什么是"鹅卵石",什么是"沙子",什么是"水"。这样我们可以很快地确定出事情的主次,有秩序而又很合理地利用我们有限的时间去完成这些无数繁琐的大小事情,而不至于让我们陷入到事务性的泥潭中,就能以最有效率的工作方法去获得最大效能的收益。

种子要发芽,需要种子的内在力量的努力。这个过程也许艰难,但一定要坚持下去。让种子的生命力迸发,让成长的过程持续下去!你了解了自己的时间使用状况,下定决心要学习时间管理,并找到了自己的职业价值观后,就勇敢地开始时间管理的征程吧。

3. 耐心等待成功的到来

在现实生活中，人们的机遇往往是"不均等"的。有的人很幸运，工作不久，就有好的机遇垂青；有的人则不然，工作很出色，能力也很强，可就是碰不上好机遇，就像故事中那颗"优秀"的玉米，总是"摘"不到。怎么办？正确的态度应该是等待，等待，再等待。千万不可放弃，更不能失望和绝望，因为机遇就在后头，说不定已经来临。

因此，从某种意义上说，耐心等待也是一种能力。因为等待能出机遇，等待能使你"绝处逢生"。

有一位全国着名的推销大师，即将告别他的推销生涯，应行业协会和社会各界的邀请，他将在该城中最大的体育馆，做告别职业生涯的演说。

那天，会场座无虚席，人们在热切地、焦急地等待着，精彩演讲。大幕徐徐拉开，舞台的正中央吊着一个巨大的铁球。为了这个铁球，台上搭起了高大的铁架。

一位老者在人们热烈的掌声中，走了出来，站在铁架的一边。他穿着一件红色的运动服，脚下是一双白色胶鞋。

人们惊奇地望着他，不知道他要做出什么举动。

这时两位工作人员，抬着一个大铁锤，放在老者的面前。主持人这时对观众讲：请两位身体强壮的人，到台上来。好多年轻人站起来，转眼间已有两名动作快的跑到台上。

老人这时开口和他们讲规则，请他们用这个大铁锤，去敲打那个吊着的铁球，直到把它荡起来。

一个年轻人抢着拿起铁锤，拉开架势，抡起大锤，全力向那吊着的铁球砸去，一声震耳的响声，那吊球动也没动。他就用大铁锤接二连三地砸向吊球，很快他就气喘吁吁。

台下逐渐没了呐喊声，观众好像认定那是没用的，就等着老人做出什么解释。

会场恢复了平静，老人从上衣口袋里掏出一个小锤，然后认真地，面对着那个巨大的铁球。他用小锤对着铁球"咚"敲了一下，然后停顿一下，再一次用小锤"咚"敲了一下。人们奇怪地看着，老人就那样"咚"敲一下，然后停顿一下，就这样持续地做。

10分钟过去了，20分钟过去了，会场早已开始骚动，有的人干脆叫骂起来，人们用各种声音和动作发泄着他们的不满。老人仍然一小锤一停地工作着，他好像根本没有听见人们在喊叫什么。人们开始怂然离去，会场上出现了大块大块的空缺。留下来的人们好像也喊累了，会场渐渐地安静下来。

大概在老人进行到40分钟的时候，坐在前面的一个妇女突然尖叫一声："球动了！"刹时间会场立即鸦雀无声，人们聚精会神地看着那个铁球。那球以很小的摆度动了起来，不仔细看很难察觉。老人仍旧一小锤一小锤地敲着，人们好像都听到了那小锤敲打吊球的声响。吊球在老人一锤一锤的敲打中越荡越高，它拉动着那个铁架子"哐、哐"作响，它的巨大威力强烈地震撼着在场的每一个人。终于场上爆发出一阵阵热烈的掌声。

在掌声中，老人转过身来，慢慢地把那把小锤揣进兜里。

老人开口讲话了，他只说了一句话：在成功的道路上，你没有耐心去等待成功的到来，那么，你只好用一生的耐心去面对失败。

很多的人以为成功很难，成功要付出太多，成功会很痛苦，就不去想和追求。实际上，只要我们注意观察，就会吃惊地发现，那些生活在贫困线上的人才是真的有耐心、有吃苦耐劳的品质，他们正是以这种惊人的耐心忍受着不成功的现实和生活。你可以不思成功，但你的生活并不会因此而轻松。你追逐成功，你会因此而生活得更好。

4. 为自己多挖一口井

　　爱因斯坦和鲁迅说过同样一句话：人的差别在于业余时间。加拿大临床医学家、医学教育家和医学活动家威廉·奥斯勒，就是利用业余时间做出成就的典范。奥斯勒对人类最大的贡献，就是成功地研究了第三种血细胞（现称血小板）。为了从繁忙的工作中挤出时间来读书，奥斯勒给自己制订了一条规则：每晚睡觉前必须读 15 分钟的书。不管忙碌到多晚，就是清晨两三点钟，他也一定要读 15 分钟书再睡觉。这个习惯他坚持了整整半个世纪，一共读了 1098 本书。

　　台湾商界奇才陈茂榜 15 岁时，由于要负担家计被迫辍学到当时台湾第二大书店——"文明堂"当店员，他每天从早到晚要工作 12 个小时。他白天在书店工作，晚上住在店里，所以每天晚上 9 点打烊后，书店就变成了他的私人书房，或坐或卧，任他遨游。他把读书当成了嗜好与享受，依照自己的兴趣，先从小说、传记等通俗读物读起。日子一久，他渐渐养成了每晚至少必须读两小时书的习惯。久而久之，通俗读物逐渐不能满足他的阅读需求了，他开始涉猎经济与管理等专业性较强的书籍。他在"文明堂"工作了 8 年时间，也读了 8 年的书。他说："初进'文明堂'时，我只有小学毕业程度；8 年后离开时，我的知识水准已经不亚于大学生了。"8年的自修为他奠定了日后成功经营企业的重要基石。在世界各地演讲时，陈茂榜总不忘对听众说："记住这样一句话：一个人的命运，决定于晚上8点到10点之间。"

海尔集团掌门人张瑞敏每天的工作时间都在12小时以上，但他每天都抽出时间阅读，绝不放弃任何一个可以用来阅读的机会，所有空闲时间都用上了，每次到机场候机，他的第一件事就是在候机厅书店里买最新的管理书籍，然后找个安静的角落畅游其中。

曾被美国《时代周刊》评为全球"数字英雄"的搜狐总裁张朝阳说："我就是个平凡人，我没发现自己与别人有什么大的不同。如果说有不同，那就是我每天平均除了7个小时睡觉外，其余时间都在思考或工作。"

歌德说过："我们常有足够的时间，如果我们适当地去利用它。"

有两个和尚住在隔壁，所谓隔壁就是隔壁那座山，他们分别住在相邻的两座山上的庙里。这两座山之间有一条溪，于是这两个和尚每天都会在同一时间下山去溪边挑水。久而久之，他们变成了好朋友。

就这样，时间在每天挑水中不知不觉已经过了五年。突然有一天，左边这座山的和尚没有下山挑水，右边那座山的和尚心想："他大概睡过头了。"便不以为意。

哪知道第二天左边这座山的和尚还是没有下山挑水，第三天也一样。过了一个星期还是一样，直到过了一个月，右边那座山的和尚终于受不了，他心想："我的朋友可能生病了，我要过去拜访他，看看能帮上什么忙。"于是他便爬上了左边这座山，去探望他的老朋友。

等他到了左边这座山的庙，看到他的老友之后大吃一惊，因为他的老友正在庙前打太极拳，一点也不像一个月没喝水的人。他很好奇地问："你已经一个月没有下山挑水了，难道你可以不用喝水吗？"

左边这座山的和尚说："来来来，我带你去看。"于是他带着右边那座山的和尚走到庙的后院，指着一口井说："这五年来，我每天做完功课后都会抽空挖这口井，即使有时很忙，能挖多少就算多少。如今终于让我挖出井水，我就不用再下山挑水，我可以有更多时间练我喜欢的太极拳。"

我们在学校的时候学得东西再多，在公司领的薪水再多，那都是挑水。而应该利用课后的每一时刻学习另一门知识，利用下班后的时间挖一口属于自己的井。这样，未来年纪大了，体力拼不过年轻人了，还是有水喝，而且喝得很悠闲。

有个著名的"三八理论"，就是一个普通成年人的一天应该分为"三个八"：八小时工作、八小时睡觉、八小时自由安排时间。前面两个"八"，大多数人是一样的，并无多大变化；人与人之间的不同，就在于剩下的八小时怎么度过。

时间是最有情也最无情的东西，每个人拥有的都一样，非常公平。但拥有资源的人不一定成功，善用资源的人才会成功。白天图生存，晚上求发展，这是 21 世纪对人才的要求。人与人的差别，就产生在业余时间。你如何利用自己的业余时间，将最终决定你的一生在浑浑噩噩中还是在轰轰烈烈中度过。

5. 与之杯水的小善之行

"勿以恶小而为之，勿以善小而不为。"生活中有许许多多微不足道的事，但它们也存在精彩。一点一滴积累起来，就能构筑起惊人的辉煌。不要感叹生活平淡，无所事事；也不要成天做白日梦而忽略你力所能及的事。虽然我们有很多美好的愿望不能实现，但从现在做起，从琐碎做起，兴许你在无意中就已经改变了周围乃至整个世界。

宋徽宗大观年间，有一读书人于京城的某店铺中，看见一双靴子，好像是他父亲出殡时所穿的那双靴子。他很诧异地询问店主到底是怎么一回事？店主说："有一做官的人经过这里，要我帮他修理靴子，稍后他会来拿。"这位读书人便站在那里等待。隔了一会儿，有位骑马的人，果然下马来拿靴，而此人正是他的父亲。

他的父亲拿了靴子便要走，儿子在后面拼命追喊："父亲，您怎忍心不开口，难道没有任何一句话来教我吗？"父亲回头告诉他："你做人要像葛繁。"儿子又问："葛繁是谁？"父亲回答："他是镇江的太守。我们阴间的阴官都设了葛繁的像，给他烧香礼拜。"说完，人便不见了。

这位读书人便前往镇江拜访葛繁，并告诉他这段不寻常的经历，同时

请教他平常如何修养自己？葛繁回答："我很努力在做善事，有时一日做四、五条，多的时候甚至一、二十条。至今做了四十年，从未间断。"

这位读书人听了十分讶异，便问他是如何行善的呢？葛繁指着坐椅中间的踏子说："就如这踏子摆得不正，恐会妨碍别人的脚，使人不舒服，我就把它摆正；假若别人口渴，我就顺手拿一杯水给他，这些都是利益别人的事。很小的言语及动作，都可以有利益别人的地方。从达官显贵至乞丐，都有机会做善事。但是要持之以恒，才能见到好处。"葛繁最后得以长寿而终，子孙富贵不绝。

人与人相处，"代人着想，为人付出"，常常是既简单却又最容易忽略、反而做不到的事。一发生事情，常常马上埋怨到底是谁弄的；或者造成大家不方便的时候，就计较、责怪那个源头，最后或许把事情解决了，但是却没有办法把人的心改善。怎么把心的问题彻底改善呢？真正的关键在于内心中是否常存一个要利益他人的心。

大观年间的葛繁，就是处处在日常生活中实践"对别人付出"，譬如说"物置不正"，会妨碍人家就把它放正；"与之杯水"，"给人一杯水解渴等等"，"几微言语动作，皆有可以利益于人者"，所做任何的微小言语动作，都可能存着一个很大的善心，所以善不在于大，而在于是否存在一个很强烈要帮助别人的心。可是要这么做，却没那么容易，"惟行之攸久，乃有利益耳"。一开始要培养这颗善心，然后常常去做，但也不是短期就能做到，在恒常的生活点滴中去观察、去运用，才能产生真正的利益。

葛繁从小处行善，是我们人人可以效学的。因此，虽然我们眼前做不到，但能坚持这样"与之杯水"的善念，把这一颗善心缘得有如虚空一样大，这个善的功德也会如虚空一样大，单单这一念就可以惊天动地。所以有一个恢弘广大的心胸，再加上脚踏实地去行善，人格便得以提升。

心灵回收站

修复心灵的漏洞　｜　安装爱的补丁

卷六　启动心中的那块读卡器
Manament and dlog

　　五官可以让我们感知万物，心却可以使我们解读一切。世界是客观的存在，而你我都是主观的产物。所以不该以世界来读我们的心，而是用心去读这个世界。

1. 三种人的分数

生命如此短暂，我们活在这个世界上是为了什么？

我们活着是为了自己，还是为了亲人、爱人、朋友的期待而活，是为了金钱、事业、爱情，还是纯粹为了快乐？当你终日为生存而奔波劳碌，当你为琐碎小事而烦恼痛苦的时候，似乎"活着"本身已被遗忘。

有一天，上帝创造了三个人。他问第一个人："到了人世间你准备怎样度过自己的一生？"第一个人想了想，回答说："我要充分利用生命去创造。"

上帝又问第二个人："到了人世间，你准备怎样度过你的一生？"第二个人想了想，回答说："我要充分利用生命去享受。"

上帝又问第三个人："到了人世间，你准备怎样度过你的一生？"第三个人想了想，回答说："我既要创造人生又要享受人生。"

上帝给第一个人打了 50 分，给第二个人打了 50 分，给第三个人打了 100 分，他认为第三个人才是最完美的人，他甚至决定多生产一些"第三个"这样的人。

第一个人来到人世间，表现出了不平常的奉献感和拯救感。他为许许

修复心灵的漏洞 安装爱的补丁

多多的人作出了许许多多的贡献。对自己帮助过的人，他从无所求。他为真理而奋斗，屡遭误解也毫无怨言。慢慢地，他成了德高望重的人，他的善行被人广为传颂，他的名字被人们默默敬仰。他离开人间，所有人都依依不舍，人们从四面八方赶来为他送行。直至若干年后，他还一直被人们深深怀念着。

第二个人来到人世间，表现出了不平常的占有欲和破坏欲。为了达到目的他不择手段，甚至无恶不作。慢慢地，他拥有了无数的财富，生活奢华，一掷千金，妻妾成群。后来，他因作恶太多而得到了应有的惩罚。正义之剑把他驱逐出人间的时候，他得到是鄙视和唾骂。若干年后，他还一直被人们深深痛恨着。

第三个人来到人世间，没有任何不平常的表现。他建立了自己的家庭，过着忙碌而充实的生活。若干年后，没有人记得他的生存。

人类为第一个人打了 100 分，为第二个人打了 0 分，为第三个人打了 50 分。这个分数，才是他们的最终得分。

外物只有通过我们的内心才起作用。不论是风动还是幡动，如果你的内心不动，它就不会对你有影响。佛说："心魔即魔，心佛即佛"。具有魔的心灵你就将成为魔，拥有佛的心灵你就会成为佛。人在生活中是否幸福、快乐、成功，在很大程度上是由你的心灵决定的，是由你心灵的修炼程度决定的。

人的成功应该是由内而外的，惟有修炼好心灵，才能享受真正的成功与恒久的快乐。没有修炼好心灵，即使取得了成功，也不能保持长久。

每个人的内心都有一扇只能由内开启的改变之门，这扇门从外面是推

不开的，只能由内向外推。如果你不愿意打开这扇门，不论上帝在外面如何动之以情，晓之以理，一切还是无效。所以当你祈祷着上帝能赋予你任何奇妙的人生时，首先希望你能打开内心里的这扇门，当你打开这扇门后，你将会感受一些全新的东西，感受生命由此而来的改变。

2. 收敛锋芒，谦逊成梁

　　一树寒梅，没有把风姿驻留在绚烂的夏日，而是把那份美好留给了凄清的冬季，我们却把高尚的词语赋予它；依依杨柳没有仰天而视的勇气，而只是轻轻地垂下了头，我们却为了它的那份谦逊而深深动容。

　　锋芒毕露，目空一切，恃才傲物，一方面可能会影响自己的进步，另一方面会不考虑他人的看法，别人的意见和建议会听不进去，无所顾忌，最终犯下严重的错误。

　　说到恃才傲物，锋芒毕露，很多人会想到杨修。曹操为什么最后要杀杨修？杨修过于显摆其个人才华，也许引起曹操的妒忌，而导致杨修最终被杀的是他在行军打仗如此重大的事情中，因为锋芒毕露所犯下的错误：曹操平汉中后，想继续讨伐刘备，又难以推进；想守住汉中，又难以防御持久，进退两难。曹操心中烦燥犹豫，随口说以"鸡肋"二字为口令，杨修就教随行军士收拾行装准备归程。夏侯惇问怎么回事，杨修说："以今夜号令，便知魏王不日将退兵归也。鸡肋者，食之无肉，弃之有味。今进不能胜，退恐人笑，在此无益，不如早归。来日魏王必班师矣。"曹操怒杨修造言乱军心，斩之。关键是杨修聪明过头，把撤军这样的事关全局的大事用负面的语言和行为表达出来了。殊不知，这样的军机大事是不能用

此方式表达的。即使曹操心里真是这样想的，但是曹操没有直接表达出来，就是因为曹操认为这话说出来会影响军心，这是基本的军事常识，但是杨修却一张嘴就说出来了，岂不是不该？作为杨修来说，他恐怕是平日里锋芒毕露习惯了（在有关三国的记载中，有很多杨修在众人面前独占鳌头、显示才华的记载），尤其是在他人不解答案的情况下，更是乐于把只有自己知道的事说出来，不分场合不分环境。曹操杀杨修可以说是名正言顺。

"夏侯惇和杨修同罪。就有人替夏侯惇求情，却无人替杨修说话。最后聪明反为聪明误，杨修因才丧命。说明有才如不善于把握，恰恰要为才气所害。杨修把聪明才智大多用在游戏文章、争强好胜上。屡屡在一些小把戏小策略上，出风头，露头角。但在整个人生大计上，他不明智也不聪明。作为曹操的谋士，他在军事和政治大计上没有为曹操出过什么良策。曹操或许就把杨修也视为鸡肋，杀之可惜，留之无用。"

以上这段话概括了杨修的问题，同时也可以推之于他人：锋芒"毕"露就是你时时展露锋芒，一般来说表现的机会多，那么这些机会大多是平时小事，在这些小事出风头，争强好胜，对你本人并没有什么好处。在你需要帮助时，你的同学同事未必会愿意；在你的工作中，你的老板也未必欣赏你。不管我们愿意承认与否，多数老板不喜欢锋芒毕露的属下，这是事实。

韬光养晦、收敛锋芒有利于一个人踏踏实实、脚踏实地的不断进步，谦虚谨慎地向他人学习。每个人都有自己的长处，也有自己的弱点，即使别人比你差，可能也有值得你学习的地方。收敛起自己的锋芒，学习别人的长处，弥补自身的不足，不断地完善自己，提高自己，使自己向着成功方向迈进的每一步都坚实有力。

收敛锋芒，有助于清醒冷静地认识自己，认识自己的事业和人生，充分了解什么才是最重要的。不是在许许多多的小事上争强好胜，而是在重要的大事上蓄势待发，这才是真正明智的行为。

收敛锋芒，谦逊好学，会帮助你赢得更多的朋友和老师，在你的一生当中，他们可能起到一些关键的作用，给你一些非常有价值的指引和建议。一个人的成功，不可能仅仅是他的个人行为，这其中必然有许多人的协助和支持。赢得人心，往往就意味着成功了一半。

收敛锋芒，在某些特殊情况下，会起到麻痹敌人，缓解与对手的紧张关系，使对手放松警惕的作用。在战争或激烈的商业竞争中，锋芒毕露必然会吸引本领域其他对手的高度注意，甚至会导致其他敌人或竞争对手联合起来对你形成合围之势，这将非常不利于你的战场或市场形势。在必要的阶段，收敛锋芒，被别人忽视未尝不是件好事。

收敛锋芒、韬光养晦终成大事的例子，在三国也有很多。刘备就是个典型，其中第21回"曹操煮酒论英雄，关公赚城斩车胄"载："玄德也防曹操谋害，就下处后园种菜，亲自浇灌，以为韬晦之计。关、张两人曰：'兄不留心天下大事，而学小人之事，何也？'玄德曰：'此非二弟所知也。'两人乃不复言。"之后，曹操煮酒论英雄，刘备将自己的野心掩饰过去，"操遂不疑玄德。"当时刘备已经有分天下之心，否则曹操也不会一再试探他，如果他这时就锋芒毕露地显示出来争夺天下的野心，恐怕早被曹操杀了，也不会再有以后三分天下的局面。

诚然，生活中需要个性的释放和张扬，但是纵览古今，内敛和谦逊的品格往往更能赢得世人的尊重。播撒智慧收获富足，袁隆平即使名满天下，也只专注于田畴，所以赢来了无数人的敬佩。带着始终如一的微笑，张艺谋一次次登上世界电影的高峰，但他的低调给人留下了深刻的印象。"微尘有心，微尘有情，尘埃落定，大爱无声"，"微尘"只是默默地奉献，但它却创造了真正的伟大。

然而，思载千秋，视通万里，浩瀚青史概括于心内，悠悠文化浓缩于眼前，又有多少帝王将相因自负自大而失其盖世伟业？西楚霸王项羽在滔滔乌江水前拔剑自刎，留给了江东父老永远的遗憾，曾经"力拔山兮气盖世"的豪情壮志化作"虞兮虞兮奈若何"的长叹，纵横一时的霸王之所以沦落至如此下场，正是因为他不懂得收敛自己的个性，"自矜功伐，愤其私智而不师古"，骄傲自大，刚愎自用，最终才落得了四面楚歌、兵败垓下的结果。

　　可见，惟有谦虚与内敛才能让我们褪尽铅华，才能让我们成功。但是不事张扬却也要有度，因为过份的谦逊就是虚伪。

　　从前有这样一个故事，齐国有一位姓黄的老相公，他有两位妙龄女儿，养在深闺，双双长得容貌艳丽，堪称天姿国色。黄公很讲究为人谦虚礼让，经常反说她们长得很丑。长此以往，众人都信以为真。于是，黄公二女便丑名远扬，整个齐国没有一个人上门求聘，早就过了婚嫁年龄。魏国有一个汉子，早死了老婆，一直无钱再娶，便跑到黄公门上求婚。等婚礼完毕，一看竟是绝色佳人。消息传出来，人们才明白，原来是黄公过于谦虚所致。由此可见，谦虚一定要有"度"，要恰如其分，切莫把谦虚变成虚伪。

　　收敛锋芒谦逊成梁，在这浮躁功利的世风下，去沉淀真实的自己。

3. 与自己的网上邻居互助同乐

许多人活一辈子都不会想到，自己在帮助别人时，其实就等于帮助了自己。一个人在帮助别人时，无形之中就已经投资了感情，别人对于你的帮助会永记在心，只要一有机会，他们会主动报答的。

佛界讲究善恶轮回，因果报应。其实在现实生活中，这种所谓的"因果报应"只不过是心存感激的受惠者对施惠者的一种报偿而已。下面是比尔·盖茨先生曾经为他的员工讲过的故事。

一天，一个贫穷的小男孩为了攒够学费正挨家挨户地推销商品。劳累了一整天的他此时感到十分饥饿，但摸遍全身，却只有一角钱。怎么办呢？他决定向下一户人家讨口饭吃。当一位美丽的女孩打开房门的时候，这个小男孩却有点不知所措了，他没有要饭，只乞求给他一口水喝。这位女孩看到他很饥饿的样子，就拿了一大杯牛奶给他。男孩慢慢地喝完牛奶，问道："我应该付多少钱？"女孩回答道："一分钱也不用付。妈妈教导我们，施以爱心，不图回报。"男孩说："那么，就请接受我由衷的感谢吧！"说完男孩离开了这户人家。此时，他不仅感到自己浑身是劲儿，而且还看到上帝仿佛正朝他点头微笑。

其实，男孩本来是打算退学的，但他放弃了这个念头。数年之后，那位美丽的女孩得了一种罕见的重病，当地的医生对此束手无策。最后，她被转到大城市医治，由专家会诊治疗。当年的那个小男孩如今已是大名鼎鼎的霍华德·凯利医生了，他也参与了医疗方案的制订。当看到病历上所写的病人的来历时，一个念头霎时闪过他的脑际。他马上起身直奔病房。

来到病房，凯利医生一眼就认出床上躺着的病人就是那位曾帮助过他的恩人。他回到自己的办公室，决心一定要竭尽所能来治好恩人的病。从那天起，他就特别地关照这个病人。经过艰辛努力，手术成功了。凯利医生要求把医药费通知单送到他那里，在通知单的旁边，他签了字。

当医药费通知单送到这位特殊的病人手中时，她不敢看，因为她确信，治病的费用将会花去她的全部家当。最后，她还是鼓起勇气，翻开了医药费通知单，旁边的那行小字引起了她的注意，她不禁轻声读了出来："医药费——一满杯牛奶。霍华德·凯利医生"。

许多人活一辈子都不会想到，自己在帮助别人时，其实就等于帮助了自己。他们会问："明明是我去帮助他们，他们受惠，怎么是帮助自己呢？我得到的受惠在哪里呢？"其实一个人在帮助别人时，无形之中就已经投资了感情，别人对于你的帮助会永记在心，只要一有机会，他们会主动报答的。

在一个极其寒冷的冬日的夜晚，路边一间简陋的旅店来了一对上了年纪的客人。不巧的是，这间小旅店早就客满了。"这已是我们寻找的第十六家旅社了，这鬼天气，到处客满，我们怎么办呢？"这对老夫妻望着店外阴冷的夜晚发愁地说。

店里的小伙计不忍心这对老人出去受冻，便建议说："如果你们不嫌弃的话，今晚就住在我的床铺上吧，我自己在店堂里打个地铺。"老夫妻非常感激，第二天要照店价付客房费，小伙计坚决拒绝了。临走时，老夫妻开玩笑地说："你经营旅店的才能够得上当一家五星级酒店的总经理。"

"那敢情好！起码收入多些可以养活我的老母亲。"小伙计随口应道，哈哈一笑。

没想到两年后的一天，小伙计收到一封寄自纽约的来信，信中夹有一张往返纽约的双程机票，并邀请他去拜访当年那对睡他床铺的老夫妻。

小伙计来到繁华的大都市纽约，老夫妻把小伙计引到第五大街和三十四街交会处，指着那儿的一幢摩天大楼说："这是一座专门为你兴建的五星级宾馆，现在我们正式邀请你来当总经理。"

年轻的小伙计因为一次举手之劳的助人行为，美梦成真。这就是著名的奥斯多利亚大饭店经理乔治·波菲特和他的恩人威廉先生一家的真实故事。

著名科学家爱因斯坦的两次不同的婚姻为我们提供了很好的参照。爱因斯坦的前妻米列娃因不能容忍丈夫极少的关心与体贴，而只是一味地与原子、分子、空间、时间为伴，便时常与其发生摩擦，而两人的个性都很强，终于分手了。而第二任妻子艾丽莎却是一个体贴入微，懂得尊敬与忍让的人，她深知爱因斯坦的脾气，从不干预丈夫的工作，让他安心地完成事业。爱因斯坦很受感动，也在百忙之中抽出时间来陪妻子度过美好时光，甚至他在记者招待会上也曾说过："艾丽莎不懂相对论，但相对论却有她的一份心血。"

任何一种真诚而博大的爱都会在现实中得到应有的回报。在你自己的人生网络中，会出现很多很多的"网上邻居"。他们或许和你朝夕相处，

或许和你只是泛泛之交，也或许只是一面之缘。但无论是谁，我们都应该对每一个"网上邻居"提供出我们力所能及的帮助。只有你帮了他，他帮了我，我帮了你，这样我们整个人际间的网络才能更加宽广，我们都能互助同乐。

4. 欣赏美丽，学会放弃

每一个人的身上同样散发着不同的美，每一种美好的品质都是诱人的。任何时候，学会用欣赏的眼光去看待世界，看待你周围的人，你便会更坦然地面对一切了。

享受生活，要学会欣赏美丽。这是一个五彩斑斓的世界，在这个世界里不光有着美丽的风景，同样也有着不同个性、不同气质、不同人格魅力的人。在漫漫的人生路途中，你会相识相遇很多人，不同的人身上有着不同的品质及魅力，欣赏、喜欢和爱，便成了最难把握的尺度。

优秀的人身上会散发出诱人的光彩，他不仅吸引你，同时也吸引着和你同样有着鉴赏能力的人。就像美丽的风景，它的存在不是为了一座山，一片旷野，而是为了整个自然，是为了点缀这美丽的世界，是为了让更多的人去欣赏、去品味、去陶醉其间。

不同的人出于不同的品位，会对同一幅景象产生不同的感觉，晶莹的雪山有着冰清玉洁的美，潺潺的小溪有着清秀自然的美，波澜壮阔的大海有着宽广豪放之美，每一种美都给人不同的震撼。

每一个人的身上同样散发着不同的美，每一种美好的品质都是诱人的。任何时候，学会用欣赏的眼光去看待世界，看待你周围的人，你便会

更坦然地面对一切了。

人性的弱点就是想占有，想占有自己喜爱的一切东西，但人又是有思维的，这种思维随时都在变，没有一种情感是永恒不变的。所以，不要奢望你能拥有很多，用一种平常心态去欣赏一个人，就像欣赏一幅画一样，你会很快乐，也会很坦然。

当你用一种平常的心态去认识一个人，结交一个人的时候，你们便可以自由随意地交往，心也便会一点点地交融，真正的友情便会在你欣赏的眼光中向你走来。友情同样是生命中不可缺少的，在你拥有了很多真心朋友的时候，你才会感受到生命的快乐。拥有一个好朋友，比拥有一段爱情要平实得多，而爱情或许会给你带来伤害，朋友则不同，你可以在拥有朋友的同时体味到人性的纯美、真情的可贵。友情同样是一种爱，一种更高尚更至诚的爱。

当这个世界在我们的眼里唯有美丽的时候，我们也要学会放弃。作家希·切威廉斯曾说："人生是一次航行，航行中必然遇到从各个方面袭来的劲风，然而，每一阵风都会加快你的航速。"不要抱怨生活中突如其来的暴风雨，而要心存感激，因为它们只不过是在提醒我们要在人生的航程中把稳自己的船舵。人生的道路本来就是起起伏伏的，即使这一路上遇见再大的风雨，也终究会有雨过天晴的时候。

在一个非常炎热的正午，佛陀行经一座森林时，忽然感到非常口渴。于是，他对着随侍一旁的阿难说："还记得我们不久前才跨过的那条小溪吗？你回那儿帮我取一些水来。"阿难回头去找那条小溪，但由于之前曾经有马车走过，把溪水弄得非常污浊，阿难看了看，心里想："这水不能喝了！"他回去告诉佛陀这个情况："那条小溪已经变得很脏了，请您允许我继续走，我知道再往前一点，还有一条水非常洁净的河。"然而，佛陀却摇摇头，坚定地要求他："不，阿难，你得再去刚刚那条小溪取水回来。"阿难面有难色地应了一声："是!"然后，带着不服气的情绪，再次回头到小溪去取水。可是，没走几步，他却想："明明水质已经变了，为什么师父一定要让我浪费时间白跑一趟呢?"结果，阿难走到了一半，又折回到佛陀面前，不情愿地问："师父，为什么您要那样坚持呢?"佛陀这时不加解释，只坚持地说："你再去吧!"阿难只好遵从，继续朝着那条"变脏"的小溪前进。当他再次来到溪水边时，眼前的变化令他大吃一惊，因为溪水居然又变回他们初见时的清澈、纯净，黄浊的泥沙已经全部流走了。于是，阿难开心地提着水，手舞足蹈地回来，并跪拜在佛陀的脚下，说道："谢谢，您又为我上了一堂伟大的课，原来，世间没有什么东西是恒久不变的。"

人生一如故事中的溪水，混浊的水流必定会有清澈的时候。如果你的人生一直是风平浪静，总有一天，你会感到厌倦，因为在平静无风的水面，你反而要费更大的力气向前划行。这个时候，你会渴望有点风吹来，再大也无妨，聪明的人会借助风力，让航行的帆船加速前进，抵达目的地!当阿难明白"没有什么东西是恒久不变"的时候，我们是否也分享到那份"豁然开朗"的喜悦呢?在人生之路上，我们会遇见转弯，也会遇上爬坡与下坡。然而，正因为有这些起伏不断的坡路，我们才有机会从不同的角度，欣赏这个美丽的世界。

5. 重拾那份纯真的童心

　　童心是什么？童心是听到美妙的音乐翩翩起舞，是遇到感人的事迹号啕大哭，是见到新鲜事物时勇于探索、找到属于自己的归宿时玩得不亦乐乎！保持童心，就是保持对他人的善良之心；保持童心，就是保持对邪恶的正直之心；保持童心，就是保持对事业的创造之心；保持童心，就是保持对生活的热情之心。

　　在人生的旅途中，人们应该常用"童心"这面镜子，来审视一下自己日见风化了的心灵。

　　成年人何时丢失了孩童般天真烂漫的笑容？成年人为何不能保持一颗童心？不开心的时候，心无遮拦地向朋友倾诉一下自己的烦恼；开心的时候，肆无忌惮地开怀大笑。也许所有的忧愁会在倾诉中流走，所有的紧张会在大笑中释放。如果总是患得患失，斤斤计较蝇头小利，心胸狭窄，思量着算计别人，或成天忧心忡忡，时刻存有防人之心，必然会感到事事不顺心，有损身心健康。

　　孩童那种天真无邪、幼稚可笑的一举一动，那双清澈透明、不掺一丝杂质的眼睛，不正被我们当作不成熟而随手抛弃了吗？人每走一步都会从身上遗落一些东西，而往往被人随意丢掉的，也是最最珍贵的，就是那颗晶莹剔透的童心。童心是天真烂漫、纵横四溢的情感，它会感染渐渐老去的人。我们感受赞美它的同时，是不是在问着自己：我们是否开始老去？在人生的旅途中，人们应该常用"童心"这面镜子，来审视一下自己日见风化了的心灵。

孩子们对一切都充满了幻想，并对自己的幻想无比执著和认真，那是最可贵的人生态度。谁能最长久地保持一颗童心，谁就最能拥有快乐无憾的一生。世故是一层铁甲，它或许可以保护我们，使我们不致受伤，但它也限制了我们的行动，使我们负担沉重，步履蹒跚，失去动力，直至一事无成。当一个人不再欣赏天然，不再欣赏率真与淳朴，而一味地去争取实际的利益，并对别人设防，他也许认为自己更老练与圆滑了，其实在不知不觉中，他已经很可怜地失去了天赋中的一份高贵特质了。

一个人如能让自己保持像孩子般纯洁的心灵，用乐观的心情做事，用善良的心肠待人，不自私、不猜疑、光明磊落、勇往直前，他的人生一定比别人快乐得多。

"惟大英雄能本色，是真名士自风流"。一切美好的情感都来自于真性情的流露，稍稍有一点流于造作，那价值就降低了。认真来说，世上哪一件最恒久、最美好的东西不是因为具备了一个"真诚"与"纯真"的"真"字呢？我们常常说，童年时代是一个人最快乐的时候，无忧无虑，天真无邪，是人生难得的一段好时光。其实，童年快乐的原因并非因为遇不到难过的事情，也并非因为那时一定未受过亏待，主要是因为童年时遇事不去多想，一瞬间就会把痛苦忘记，而去想些快乐的事情了。如果我们也能不斤斤计较，能及时把痛苦放开，不记恨，不自怜，心情一定能够保持开朗与轻松。

小孩子能够经常快乐的另一个原因，是他们容易满足。一个小玩具、

一块糖都能使他们转悲为喜。成年人阅历丰富，小快乐已不能安慰他们，所以不易抛开烦恼。如果我们也能尽量让自己保持一种知足感恩的心情，不轻视手中已拥有的东西，快乐也就比较容易得到了。

许多伟大的艺术家、文学家、音乐家，都曾以天真诚挚的心情创作过为孩子们所喜欢的作品。大音乐家海顿的《玩具交响曲》，柴可夫斯基的《胡桃夹子组曲》、《睡美人》、《天鹅湖》，德彪西的《儿童天地组曲》以及大制片家沃特·迪士尼的卡通音乐，都流露着非常美丽多彩的、属于孩子们的幻想。我们可以想象大师们的心灵是何等的纯净与天然！大艺术家能始终保持一颗天真的童心，也是他们获取成功的一大要素。

有一个男孩与他的妹妹相依为命。父母早逝，她是他唯一的亲人。所以男孩爱妹妹胜过爱自己。然而灾难再一次降临在这两个不幸的孩子身上。妹妹染上重病，需要输血。但医院的血液太昂贵，男孩没有钱支付任何费用，尽管医院已免去了手术费，但不输血妹妹仍会死去。

作为妹妹惟一的亲人，男孩的血型和妹妹相符。问男孩是否勇敢，是否有勇气承受抽血时的疼痛。男孩开始犹豫，10岁的大脑经过一番思考，终于点了点头。

抽血时，男孩安静地不发出一丝声响，只是向着邻床上的妹妹微笑。抽血完毕后，男孩声音颤抖地问："医生，我还能活多长时间？"

医生正想笑男孩的无知，但转念间又震撼了：在男孩10岁的大脑中，他认为输血会失去生命，但他仍然肯输血给妹妹。在那一瞬间，男孩所作出的决定是付出了一生的勇敢，并下定了死亡的决心。

医生的手心渗出汗，他紧握着男孩的手说："放心吧，你不会死的。输血不会丢掉生命。"

男孩眼中放出了光彩："真的？那我还能活多少年？"

医生微笑着，充满爱心地说："你能活到 100 岁，小伙子，你很健康！"男孩高兴得又蹦又跳。他确认自己真的没事时，就又挽起胳膊——刚才被抽血的胳膊，昂起头，郑重其事地对医生说："那就把我的血抽一半给妹妹吧，我们两个每人活 50 年！"

所有的人都哭了，这不是孩子无心的承诺，这是人类最美好最纯真的诺言。

而我们是否还拥有着小男孩的这份童真般的勇气和善良呢？

在孩子眼中，一切坏的东西不坏，丑的东西不丑，可怕的东西也不可怕，是所谓的"阅历"使一个人逐渐对周围的事物充满了戒心与敌意。

生活有一部分需要严肃认真，一丝不苟；另外也应该有一部分是轻松、洒脱的。有痛苦也可以一笑而过，有忧伤也可以随它去，贫困也不抱怨，受了委屈也不记恨，重拾孩童时期天真无邪的心情，即可了悟这一切。人生原是很简单的事，快乐也并不难求得。一切都只因我们平时太苛刻，太计较得失。

有时人们的苦恼不是源于不了解环境，而是源于太了解环境。当一个人积累了太多的教训，懂得了太多的世故，他就不容易再用单纯的心情去看世界。他知道事情会向不同方向发展，会有许多可能的后果，于是，他对世事就充满了怀疑与戒备。这种怀疑戒备把他严严密密地囚禁在一个狭小的天地里，不再能用坦然无邪的心情去欣赏美好的事物和情感。

现实生活中，事业、家庭，有很多事情需要我们去做，有很多关系需要我们去协调，有很多矛盾需要我们去解决，时时保持一颗童心，才能不为熏心的利欲所动容，不为人情的冷暖而伤感，不为突变的事故而惊慌，

才能在当今变幻莫测的竞争大潮中，静观出世，进入忘我的境界，有所作为，有所成就。

　　就让我们时时保持一颗童心吧，即使青春不再，朱颜已改，即使年事已高，步履蹒跚，我们的心依旧年轻，脸上的笑容依旧灿烂。保持一颗童心，就保持了一份对生活的热爱，对世事的达观，对人生的谛解。

心灵回收站

修复心灵的漏洞 | 安装爱的补丁

卷七　启动心灵杀毒软件，让心灵健康快乐着
Manament and dlog

　　心灵的伤病或许只是一个小小的系统失误，但同样也会是一个很具杀伤力的病毒。它在鲸吞蚕食着我们心灵的同时，也破坏着我们正常的生活。能解决这一难题的钥匙就在我们的心里。用理性的心杀去那些滋生的病毒，让快乐和健康传染开吧。

1. 不做情绪的奴隶

　　每个人在一生中都难免受到各种不良情绪的刺激和伤害，只有善于控制和调节情绪的人，才能在不良情绪产生时，及时消释它，克服它，最大程度地减轻不良情绪的刺激和伤害。

　　让自己不停地忙着——这是把忧虑从你头脑中挤出去的最有效的良方。

　　学会驾驭自己的情绪，对于走好人生之路，赢得事业成功至关重要。尤其是人在年轻气盛的时候，能不能有效地驾驭自己的情绪，往往直接关系到今后的人生走向。

　　人通过加强自我修养完全可以而且应该有效地驾驭自己的情绪，这正是人比灵长类动物聪明和高贵的地方。当你发现自己的情绪无法控制时，不妨尽快脱身离开刺激你的情绪的环境，或想一想明智的人在这种情境中会扮演怎样的角色，或设想你已解决了一个难题而处在喜悦中，或向有同情心的人倾诉自己的想法。

　　如果一个人不能控制自己的情绪，反而被情绪所控制，那么就不会有成功的希望。

　　宣泄对于抚慰一个人的心灵创伤，是一种极为有益的调节剂。

古代阿拉伯学者阿维森纳，曾把一胎所生的两只羊羔置于不同的外界环境中生活：一只小羊羔随羊群在水草地快乐地生活；而在另一只羊羔旁拴了一只狼，它总是看到自己面前那只野兽的威胁，在极度惊恐的状态下，根本吃不下东西，不久就因恐慌而死去。医学心理学家还用狗作嫉妒情绪实验：把一只饥饿的狗关在一个铁笼子里，让笼子外面另一只狗当着它的面吃肉骨头，笼内的狗在急躁、气愤和嫉妒的负性情绪状态下，产生了神经症性的病态反应。实验告诉我们：恐惧、焦虑、抑郁、嫉妒、敌意、冲动等负性情绪，是一种破坏性的情感，长期被这些心理问题困扰就会导致身心疾病的发生。情绪对动物的影响尚且如此，对头脑高度发达的人类来说，情绪的影响力可想而知。

喜怒哀乐，人之常情，遇事不顺心，发一通脾气，冒一顿火，亦算不得大错。但凡事得有"度"，应当把自己的情绪限制在无害的范围之内，不能因发怒而伤理害情，更不能闹出人命官司。

当自己因遇事心中郁闷、火气上升时，应及时进行心理上的自我放松，"命令"自己冷静下来，有意避开一触即发的"触媒"。更多想一想事情的原委是什么，把问题的症结搞清楚；要多想一想对方的心情和感受，来点"换位思考"。

生活中幸运与不幸，成功与失败、幸福与悲哀总是相伴同行的，每个人都有可能遇到不幸，这不可怕，可怕的是不能勇敢地面对不幸。

冲动是一种最具破坏性的情绪。许多人都会在情绪冲动时做出使自己后悔不已的事情来，冲动的人对于事物的了解角度与行为方法都是有所残缺的，这种残缺主要反映在缺乏自我控制上。大多数人都有过这样的经历，当自己被激怒时，会把对方恨得咬牙切齿，而后造成严重后果的违法行为。这并不是当事人不懂法，也不是他本性不好，只是他的冲动的表现。许多事情都是因为不能忍受一时之气，小矛盾酿成大争斗，结果追悔

莫及。但过后回想当时的失态和不切实际的想法，又会感觉是多么的可笑和愚昧！因此，应该采取一些积极有效的措施来控制自己冲动的情绪。冲动不仅能够破坏人际关系，而且会对自己的事业造成影响，凡是成大事者都能理智地面对一切问题，甚至是挫折。在日常生活中，随时都会遇到各种各样的挫折，在挫折面前，人们也表现出不同的反应，冲动的人在面对突如其来的挫折时，可能会做出消极地抵抗，酿成不可挽回的错误。只有那些理智的人才敢于挑战困难，能够审时度势，采取冷静客观的方法来处理一切困难，最后就会化险为夷，享受成功的喜悦。完全杜绝冲动也是一件不可能的事，因为人生不大可能总是尽如人意、鸟语花香。在琐碎的生活中，人们随时可能遇到委屈、苦恼与憋闷的事，每当此时，当事人也确实需要"释放释放"。但冲动，必须要受到理智的约束，否则，既伤人又害己。

亚里士多德有一句名言："发脾气是值得赞扬的。但你必须做到，在适当的场合，向正确的对象，在合适的时刻，使用恰当的方式，因为公正的理由而发脾气。"这位哲学家其实就是在告诫我们，要学会控制自己的冲动情绪，不要让一时冲动，成了情绪的奴隶。

一个人有了烦恼，应尽量克制自己的情绪，并将自己的注意力转移到学习、工作、娱乐或其他感兴趣的方面，这样就不至于越想越别扭，越想越伤心了。

凡事认真，一味固执，肯定烦恼重重；能伸能屈，能进能退，自然轻松自在。

一个人有了烦恼，应主动地找知心朋友交往、谈心。可向朋友们倾吐苦衷，发泄郁闷，消除紧张心理状态；可与朋友讨论有意义的问题，转移注意力，遗忘痛苦；可得到朋友的劝告，开阔自己的思路，更理智地对待不良情绪；可受到朋友的赞助，同情和鼓励，使自己产生战胜不良情绪的勇气和信念。

一个人善于控制自己的情感，约束自己的言行，对盲目冲动和消极情绪的高度自制是成功的重要因素。

有一位法官在宣判了一个杀人犯死刑后，走到这个囚犯面前，对他说："请问，你还有什么话对你的家人说吗？""你去死吧，你这个伪君子、混蛋，你对我的裁决不公正！"囚犯狠狠地把法官骂了一通。法官非常生气，对着囚犯非常粗鲁地数落了十多分钟，囚犯等法官一说完，脸上立刻露出了笑容，这一次，他很平静地对法官说："法官先生，您是一个受人尊敬的大法官，受过高等教育，读了很多书，可以说是一个文明人，可是，我只不过是骂了您一句，您就如此失态；而我，一个文盲，小学没毕业，大字不识一个，做着卑微的工作，因为别人调戏我老婆，我一时冲动杀死了对方，而最终成了死刑犯。虽然我们的结果不一样，但有一点却是一样的，那就是我们都是情绪的奴隶！"

别耻笑金钱的奴隶，先检查一下自己是否是那个情绪的奴隶，因为做情绪的奴隶跟做金钱的奴隶一样，都是可怜又可悲的！

当你心情忧郁时，你可想些开心的逸事：骏马奔腾，潺潺流水，鸟语花香，皓月垂柳——让思绪的神翼在惬意的遐想中翱翔，会使你身心健康。要学会用欣赏的眼光去看待别人，用感恩的情怀去体验生活，用理智的思维去直面人生。

倾诉是释放不良情绪的最简单、最有效、最常用的调适方法。

积聚于胸的忧伤绝望情绪就像一种势能，若不释放出来，必定在内心世界造成一定的破坏，若能及时地合理地向外宣泄，则可以取得内心感情和外界刺激的平衡，从而消除隐患。

该哭的时候就哭，泪水能将人体内导致情绪抑郁的化学物质加以清洗，有利于内心郁积和情感的宣泄；该笑的时候就笑，则能使肌肉和情绪得到放松。

人不应该成为心态的牺牲品，更不应该成为情绪的奴隶。中国民间有语曰："做天难做四月天，蚕要温和麦要寒，行人望日农望雨，采桑娘子盼晴天。"所有的人，一生为情绪所差遣。当情绪平稳时，则祥和安定；当情绪失衡时，则变乱丛生。因此，掌握一种平衡情绪的方法，是做人必备的。

2. 多疑只会徒增无尽的烦恼

"相信"和"怀疑"都是生活中所必不可少的，我们每一个人在做到相信的时候，也要同时保留一点儿怀疑的态度，只有这样我们才不会轻易地被假象所蒙蔽，被坏人所蒙骗。对于科学家来说，多疑的态度更是必不可少的，因为多疑推动他们不墨守前人的成规，大胆地怀疑"真理"，从而获得新的发现，新的成就，进而推动人类的科学事业迈上新的台阶。可见，相信固然重要，但多疑也是不可或缺的，二者只有相互统一，才能给我们的生活和工作带来无尽的帮助和进步。

但是，在现实生活中，却有很多人并不能很好地把握二者的关系。他们不是太过相信，就是太过多疑。前者太天真，容易上当受骗；而后者疑心太重，则是一种异常的心理表现。

有这种心理的人往往执拗多疑、心胸狭隘，喜欢疑神疑鬼，对什么事都持一种怀疑和否定的态度，哪怕是别人已经反复证明过是正确的事物，他们还是不相信，不是怀疑方法不对，就是怀疑工具用错了，所以在做事情的过程中总是疑虑重重，不敢全身心地投入拼搏。他们尤其喜欢揣测别人的动机，对人极其不信任，总觉得所有的人都会在背后说他们坏话，或者给他们使绊子，因此，他们时时处处提防着别人，对别人留一手，这样

很影响他们的工作和生活，因为这个社会需要人与人之间的合作，他们总是对人心存戒备，怎么还能好好地和人合作？不仅如此，这样还会让他们在人际交往中的处境越来越尴尬，逐渐对周围的人疏远、反感甚至冷落。

古代有一则故事，讲的就是多疑的人的弊端。

梁王是一个很爱吃水果的人。他下令全国各地把最好吃的水果进贡给他。这样，他还怕漏掉一种吃不到，就派人到处察访，若有人不听命令就斩首！

他尝遍了国内的水果，又派使者到吴国去寻找。

使者到了吴国，管外交的大臣接待了他，告诉他吴国最好吃的水果是橘子。使者不敢轻信，怕回去交待不了梁王。吴国只好派人陪着他在吴国四处察访。凡是他访到的地方，吴国人都说：在他们国家里，最好吃的水果要数橘子了。使者便从吴国带上橘子回去。

梁王尝了尝橘子，果然味美可口，他边吃边称赞："这东西甜酸甜酸的，另有一番滋味，吴国既然有这么好吃的水果，肯定还有比这更好吃的，只是他们不肯贡献出来罢了。"

于是，他又派这位使者第二次到吴国去。使者来到吴国，察访了前次未察访过的地方，又发现了一种柑子，他立即带回来献给梁王。梁王觉得柑子的味道比橘子还好，就更疑心吴国有更好的水果不肯给他。于是又第三次派这位使者去吴国暗地察访了。使者跑遍了整个吴国，再没有发现更好的水果。

有一天，他来到市场上，发现人们正在争着买一种果子。老远就闻见一股香喷喷的气味从果子摊上飘过来，他从来没有闻过这么一种沁人肺腑的清香，便急忙上前观看。只见那果子黄蜡蜡，亮晶晶，就像宝石一般光彩夺目。他感到新奇，这是一种什么果子呢？不由得便跟人们打听起来。

人们告诉他这果子叫香橼,不能吃,是挂在屋里专供闻香味的。他有点不相信,便带着这个新发现的消息回到自己国家来。

使者回来后,急匆匆地去告诉梁王说:"我在吴国暗访到一种比橘子、柑子更香更美的果子,可是人们说是专供闻香味的,并不能吃。"

梁王听了,伸手拍着桌子,怒气冲冲地说道:"看看!我的怀疑得到证实了吧,分明是吴国保守,不肯献出好果子给我,还欺骗说那是专供闻香味的,不能吃?"

于是,他委派正式使者,通过正式外交手续,到吴国去索求香橼。使者很顺利地带着香橼回来了。梁王一见那不同一般的香橼,早已馋涎欲滴,他迫不及待地抓起一个来就大大地啃了一口。梁王"哎呀"一声,又把香橼吐了出来,只见他眉毛、眼睛、鼻子和嘴巴皱成一疙瘩,用直僵僵的舌头,咬字不清地骂道:"好酸好苦,又涩又麻,活活害煞人也,吴国竟敢如此戏弄我,成何体统!"他的左右连忙端上水来,请梁王漱口。梁王一边漱口,一边把使者训斥了一顿。使者受了这一顿窝囊气,便去责问吴国的外交大臣:"两国邦交,信用第一,你们把最难吃的果子进贡给我们国王,这是对我们国王的戏弄!"吴国人说:"我们最好吃的果子就是橘子和柑子,都给你们国王献过了,你们不相信,现在出了笑话,能怪我们吗?"使者听了,哑口无言,只好在心里暗自抱怨起来:"国王,只能怪你多疑呵!"

由此可见,一个生性多疑的人无论是在生活中还是在工作或人际关系处理中都会处于劣势,如果这种性格得不到及时地改善,长期发展下去,势必导致偏执、自闭等心理疾病的形成。因此,我们要坚决改善这种多疑的心理,让它消失在萌芽状态,而不致成为自己身心健康的障碍。这里有几点建议供大家参考:

第一，大胆地去信任。对于一个生性多疑的人来说，怀疑已经成了他们的一种心理习惯。不管做什么事情，面对什么人，他们的第一反应就是怀疑，尽可能地去寻找疑点，即使真的找不出疑点，他们还是会相信在其他方面一定暗藏着某些疑点，只不过需要自己花费时间去发现罢了，有了这样的心理和反应，他们很难信任他人或事物。所以，要想消除这一心理，我们就要大胆地去信任，不管碰到什么事、什么人，我们所要做的第一件事就是相信，相信眼前这件事确实没什么错误，相信眼前这个人确实没什么恶意。这样长期坚持下去，我们才能慢慢地放松自己那根多疑的神经，让自己慢慢地学会相信，从而消除自己的多疑心理。

第二，客观地看待人和事。作为一个生性多疑的人，我们很少客观地去看待人和事，总喜欢带着偏见或者自以为是的"怀疑精神"去审视人和事，用一种不信任的眼光去怀疑，这种习惯养成以后，任何人和事在我们眼里都是值得怀疑的，都是经不起仔细推敲的，这就更助长了自己怀疑的心性。总是习惯用自己的眼光、从自己的角度去主观地揣测人和事，这样难免会犯主观主义的错误，致使我们将好事看成是坏事，将好人看成是坏人。所以，要想克服这一心理，我们就要学会客观地看待人和事，多发现事物的本质和人的本性，不要因为一个小小的缺陷就否定一切，也不能因为一个人一时的失误就判其"死刑"。只有做到客观公正地看待人和事，我们才能彻底地消除多疑的心理。

3. 嫉妒是人生的一剂毒药

在现实生活中，人们都会有嫉妒心理的。不管是男孩还是女孩，只要是比自己强的，我们大都会忍不住嫉妒他，因为他在某个方面比自己强。可是，嫉妒一个人就是承认他比你强，就是低估自己的能力。嫉妒是毒药，嫉妒是一种自寻烦恼，是不快活的根源。约翰逊的《漫步者》里有这样一句话：谁妒忌别人，等于承认别人比自己强！一个有自信的人，有实力的人，有才气的人，一般说来是不会也不应该嫉妒别人的。只有那些自知自己落伍了，超不过别人了，才会生出嫉妒心来，有了嫉妒心之后，就会说出一些欠考虑的话，做出一些不明智的举动来。结果呢，反更被别人小瞧。还有一种，自己超不过人家，背后搞些小动作，中伤人家，那就是人品问题了，不值一提。

嫉妒是在看到他人的卓越之处以后所产生的羡慕、烦恼和痛苦。嫉妒也是对才能、名誉、地位或境遇比自己好的人心怀怨恨。嫉妒就是自己以外的人，占有比自己优越的地位，或者是自己所宝贵的东西被人夺取、或将被夺取的时候所产生的感情。这种感情是一种极欲排除别人优越的地位或想破坏别人优越的状态含有憎恨的一种激烈的感情。嫉妒既是一种个体的心理现象，也是人与人之间关系的心理现象。任何国家、任何社会、任

何群体的人与人之间的关系中，都会出现这类心理现象。在人类的一切情欲中，嫉妒这种现象恐怕是最顽强最持久的了。人应当克服嫉妒、焦虑和恐慌等情绪，遏制心中的怒气，不要纠缠于这些悲哀中。嫉妒者所受的痛苦比任何人遭受的痛苦都大，因为他自己的不幸和别人的幸福都会使它痛苦万分。

有一个人，非常嫉妒他的邻居，他的邻居越是高兴，他越是不高兴；他邻居的生活过得越好，他越是不痛快；每天都盼望他的邻居倒霉，或盼望邻居家着火，或盼望邻居得什么不治之症，或盼望下雨天雷能窜进邻居家，劈死一、两个人，或盼望邻居的儿子夭折……然而每当他看到邻居时，邻居总是活得好好的，并且微笑着和他打招呼，这时他的心里就更加不痛快，恨不得给邻居的院里扔包炸药，把邻居炸死，但又怕偿还人命。

就这样，他每天折磨自己，身体日渐消瘦，胸中就像堵了一块石头，吃不下也睡不着。

终于有一天他决定给他的邻居制造点晦气，这天晚上他在花圈店里买了一个花圈，偷偷地给邻居家送去。当他走到邻居家门口时，听到里面有人在哭，此时邻居正好从屋里走出来，看到他送来一个花圈，忙说："这么快就过来了，谢谢！谢谢！"原来邻居的父亲刚刚去世。这人顿觉无趣，"嗯"了两声，便走了出来。

这个故事中的主人就是出于嫉妒，把自己置于一种心灵的地狱之中，折磨自己。但折磨来折磨去，却一无所得。

嫉妒是心灵的地狱。嫉妒的人总是拿别人的优点来折磨自己。好嫉妒的人往往自大。因为自大，想高人一等。所以就容不下比他强的人。看到周围的人有超过自己之处，要么设法去贬低，要么设置陷阱去坑害对方。

　　那么，哪些人容易嫉妒，哪些人容易招来嫉妒呢？无德者必会嫉妒有德人。因为人的心灵如若不能从自身的优点中取得养料，就必定要找别人的缺点作为养料。而嫉妒往往是自己没有优点，又看不到别人优点，因此他只能用败坏别人幸福的办法来安慰自己，当一个人自身缺乏某种美德的时候，他就一定会设法贬低别人的这种美德，以求实现两者的心理平衡。其实每一个埋头苦干自己事业的人，都是没有工夫去嫉妒别人的，因为嫉妒只能是闲人享用。所以古人说："多管闲事的人必定没安好心。"

　　一个后起之秀是容易招人嫉妒的，尤其是那些老资格的嫉妒，因为他们之间的距离改变了，别人上升往往会造成一种错觉，使人觉得自己仿佛被降低了。那种具有无法克服缺陷的人，是容易嫉妒别人的，由于自己的缺陷无法弥补，因此需要损伤别人来求得心灵的宽慰。唯有当这种缺陷落在一个具有伟大品格的人身上时，才不会如此，那种品格能让有缺陷的人转化为光荣，担负着残疾的耻辱，去完成伟大的事业，使人们更加为之惊叹。

　　经过巨大灾祸的人，也容易产生嫉妒，因为这种人，会把别人的失败，看做是对自己过去痛苦经历的抵偿。虚荣心强的人，假如他看到别人在某种事业中总是强过自己，他也会为此而产生嫉妒的。最普遍的，在同事之间当有人被提升的时候，也容易引起嫉妒，因为如果别人由于某种优秀表现而得到提升，就等于映衬出了其他人在这方面的无能，从而就会刺伤他们的心，一个人可以允许陌生人的发迹，却不能容忍一个身边的人上升……

　　日本学者三木先生指出："靠嫉妒是一事无成的。人靠创造来造就自己，培养个性。人越有个性就越不会去嫉妒。"他说，"靠一个情感来控制别一个情感要比靠理性更为有力，这是普遍真理。如果说英雄是不会嫉妒的说法是真实的，那么实际上就是说英雄的功名心理和竞争心理等其他情

感比嫉妒强，并且重要的是具有更大的持久的力量。"

古往今来，嫉妒制造了无数的人间悲剧。孙膑致残、屈原放逐等无不与嫉妒有关。其实，嫉妒在伤害别人的同时，也对自己造成了伤害。《三国演义》中的周瑜，嫉妒诸葛亮的才能和谋略，终于在"既生瑜，何生亮"的悲叹中结束了自己年轻的生命。当然，在生活中，类似因嫉妒而丧生的事例并不多，但是心理学家的研究发现，大部分嫉妒的人都或多或少地患有一些身心疾病。所以，嫉妒既害人，也害己。我国诗人艾青把它称为"心灵上的毒瘤"。

有一则寓言，说的是有两只老鹰，一只飞得很快，一只飞得太慢。飞慢的一只老鹰，开始嫉妒那只飞快的老鹰。一次，飞慢的老鹰对一个猎人说："前面有只飞得很快的鹰，你去用箭射死它。"猎人说："可以的，只是我的箭上缺少一根羽毛，可否拔下你的一根？"飞慢的老鹰说："好！"它就拔下一根丢给猎人，猎人未能射中那鹰。猎人说："再拔一根下来如何？"飞慢的老鹰说："好！"又拔一根，然而又未射中。这样，一枝一枝的射去，鹰毛一根一根的拔下，把它自己身上的羽毛都拔完了，它不能再飞了，结果那位猎人把它捉去。这是一个很明显的教训，大抵嫉妒别人，谋害别人，结果不会害到别人，反而害了自己。

嫉妒作为一种心理现象，属于道德情感范畴。嫉妒是在自己不如别人优越而有了失落感时才会产生的，嫉妒心是对某些方面超越自己的人的一种忌恨，是对无意或有意竞争者的仇恨心。

嫉妒只会拉动风箱，扇起你的叹息。嫉妒别人是对自己的折磨。凡是能找到自己生存价值和生存乐趣的人是不会嫉妒别人的。嫉妒是对被嫉妒人的颂扬。嫉妒别人的才能，也正好说明自己的无能，谁嫉妒别人，就等于承认别人比自己强。嫉妒是万恶之源，怀有嫉妒心的人是不会有丝毫同情心的。嫉妒是一种恨，此种恨是对他人的幸福感到痛苦，对他人的灾难感到快乐。

奉劝那些爱嫉妒的人，要学一点真本事，因为泥饭碗会碎，铁饭碗会锈，人有真本事，才会越来越珍贵。你挖空心思找别人的缺点这正是你自己的缺点，不要谋事无能谋人"卓越"，因为你在伤害别人之前，你自己已经受到伤害了。

4. 焦虑是心灵的重感冒

提起"焦虑",你一定不会感到陌生。焦虑是种本能,早在茹毛饮血的时代,我们的祖先就在它的引导下趋利避害。如今,让人焦虑的事越来越多,焦虑也日益得到心理学界的重视。

杞人忧天的故事,大家都听说过:故事的主人公忧心忡忡,他一会儿担心天塌下来,一会儿又担心地陷下去。虽然当时没有"焦虑"这个词,但他这种"无事愁"的表现,其实,就是一种典型的焦虑症状。

其实,不仅这个成语故事,还有很多古代典籍也记录了类似于"焦虑"的状态。其中,古人常用七情概括我们的情绪,在喜、怒、忧、思、悲、惊、恐中,"忧"、"惊"、"恐"都是与"焦虑"相关的情绪。

我们不妨注意一下,是否有过这样的体验:参加演讲比赛,不敢看观众,手心出汗、四肢发冷、心跳加速;准备向心爱的人表白,却满脸通红、语无伦次……这些都是焦虑典型症状。

焦虑情绪不像你口渴了一样,喝点水马上就能解决问题。它说不定哪天就会降临到你头上,让你不知不觉落入它的怀抱,难以自拔。它像空气一样包围着你,使你无从觉察,甚至让你习以为常;它像寄生虫,不停地吞噬你健康的心态和快乐的灵魂,它用沉重、悲观、犹豫、抑郁、恐惧和怀疑来侵蚀你，过滤掉你生活中所有的温馨时刻，把一切快乐从你身边剥离。

焦虑，它是你的心灵患上了一次严重的感冒。简单地说，焦虑是一切负面情绪汇合所产生的恐惧情绪。

卡耐基在他的书中提到一个石油商人的故事：

我是石油公司的老板，有些运货员偷偷地扣下了给客户的油量而卖给了他人，而我却毫不知情。有一天，来自政府的一个稽查员来找我，告诉我他掌握了我的员工贩卖不法石油的证据，要检举我们。但是，如果我们贿赂他，给他一点钱，他就会放我们一马。我非常不高兴他的行为及态度。一方面我觉得这是那些盗卖石油的员工的问题，与我无关。但另一方面，法律又有规定"公司应该为员工行为负责"。另外，万一案子上了法庭，就会有媒体来炒作此新闻，名声传出去会毁了我们的生意。我焦虑极了，开始生病，三天三夜无法入睡，我到底应该怎么做才好呢？给那个人钱呢？还是不理他，随便他怎么做？

我决定不了，每天担心，于是，我问自己：如果不付钱的话，最坏的后果是什么呢？答案是：我的公司会垮，事业会被毁了，但是我不会被关起来。然后呢？我也许要找个工作，其实也不坏。有些公司可能乐意雇用我，因为我很懂石油。至此，很有意思的是，我的焦虑开始减轻，然后，我可以开始思想了，我也开始想解决的办法：除了上告或给他金钱之外，有没有其它的路？找律师呀，他可能有更好的点子。

第二天，我就去见了律师。当天晚上我睡了个好觉。隔了几天，我的律师叫我去见地方检察官，并将整个情况告诉他。意外的事情发生了，当我讲完后，那个检察官说，我知道这件事，那个自称政府稽查员的人是一个通缉犯。我心中的大石落了下来。这次经验使我永难忘怀。至此，每当

我开始焦虑担心的时候，我就用此经验来帮助自己跳出焦虑。

是的，最坏的后果是什么？当这个后果出现时，我能面对它吗？我能承担它带来的责任吗？这是我们在焦虑时要自己问自己的几个重要的问题。

6月份，在给一群即将高考的学生、家长及老师们做"压力调适"的演讲时，我问他们："如果我（我的孩子、我的学生）没有考上高校，最坏的后果是什么？"我记得很清楚的是一个男同学回答说："明年再考呗。"他紧绷绷的脸上一下子松弛下来。

我再问他："如果明年复考也是这样的一个结果，你能面对吧？"他看着我说："可以，我会重新做计划，看看这次失败在哪里，总结经验，相信会有好成绩。"他的脸上开始有点笑容。

我又问他："那么现在谈谈你的焦虑在哪里？"他回答："我的数学不好，我很担心它会拖下我的分数。我花很多的时间在做数学题，但是老是不能提高。因为底子不好，越担心我就越想不清楚，就花了更多时间去做它，成为一个恶性循环。"

"你哪一部分的数学最让你操心？"我问他。"我也不很清楚，反正都不好。"

"你是说你的数学根本就不好，而你的压力是来自数学？"我问他。"是的。"

我又问："距高考还有几天？""17天。"

我说："你别科准备充分了吗？"他皱眉回答："没有，英文的单词还需多背，常常忘记。还有别的科目……"

我问："只剩下17天，你说现在面对这种现况，你认为你该怎么办？"

他说："我觉得我应该放下数学，去把握那些我能把握的科目。"他的眼睛开始发光，笑容再次展现在脸上。

　　人之所以会焦虑会担心会害怕，是因为在潜意识中我们都渴望过一种自由自在、无忧无虑的生活，我们在面对可能发生的事件（当然指的是消极的）或克服此事件产生的后果时缺乏信心，潜在的不自信使我们的思想、行为、情绪造成一种紊乱，肌肉不由自主地战栗。在这种情况下，我们不仅注意力无法集中，情绪失控，而且记忆会严重丧失，这种情况若不改善，长期下来，会造成我们的消化不良、胃溃疡、头痛、免疫系统的减弱、失眠、呼吸不顺畅、疲劳……

　　更有意思的是，这种种病状都是在"不清不楚"的情况下产生的，例如高考的例子，许多人只是谈到高考就紧张焦虑，但从未真正地面对自己，找出什么是真正的"根"，只是害怕考不上。结果因为不知其"根"，故而无法处理及解决这种焦虑及害怕的情绪。

　　我们忙忙碌碌地生活在这个世上，每天都承受着生活的巨大压力。我们要维持自身和家庭的生活水准不至于太低；我们要时时刻刻提防天灾人祸的发生；我们面对着生老病死的困扰；我们要与各色各样的人打交道……如果我们不懂得调节自己，焦虑必然会趁虚而入，直接影响我们的身体和精神。

　　俗话说："笑一笑，十年少。"只要我们多一些轻松，就多一份觉醒，对这个世界更有安全感。

　　当你的心灵患上了重感冒的时候，记得要及时治愈，要让自己放开身心，轻松地面对一切，这样你在生活的道路上就会少了许多的苦恼，多了一些意外的愉快。

5. 攀比只会让你更加不知足

在我们现实生活中，很多人喜欢和别人盲目比较，造成了心理不平衡，导致人生创伤，而心底的无私则是治愈心理不平衡的良药，在当今社会种种诱惑下，特别是金钱和美色面前，有些人目眩头晕，在追求心理平衡的过程中，忘记了做人最起码的标准，向腐败、堕落的目标迈进。而他们身上缺少的是一种圣洁的信念、奋斗的理想，缺少的是一种世界观、人生观的持续刻苦的改造，不能自重、自省、自警、自励，不能达到一种高尚人格的修炼。人生其实就是一个奋斗的过程，奋斗过程中自然会有挫折、痛苦、无奈，但是迈过这些坎坷，人生道路美好的彩虹就会出现在你面前，这样的人生才有意义、完美、无悔，而那些以金钱、地位为目的的种种行为必将使自己陷入不可自拔的深深漩涡！

每个人的生活处境和生活方式都不同，一方面比不上别人，也许另一方面会比别人强。那些看上去生活很富有很光鲜的人，他们也未必幸福，也会有不为人知的烦恼和痛苦。人生是一个漫长的过程，应该心态平和地看待生活，用平常心看待别人的成功，看待自己的生活，才不至于"人比人气死人"。我们可能没有别人富有，但是我们有自己的生活乐趣。只要你懂得如何去"攀比"总会找到比别人强的地方，自己生活中的快乐也许是别人没有甚至渴望的。

其实我们都懂得:知足者常乐。但是又有多少人能真正的知足?

每个人都生活在具体的人群中,每天、每时都处于人和人之间的交往中,无时无刻不在变化之中,从工作、生活、情感中不难看到有很多人都是不知足的。有时受这样或那样的影响,自己也很难知足,甚至非钻"牛角尖"不可。最主要原因,可能还是归咎于攀比心理。

有道是:人不能不知足,人不能去攀比。攀比是不知足者之大敌,不知足的根源就是人的心态没有摆正,没有正确对待自己,没有真正的了解自己,自己不知道自己究竟有多大能耐,自己不知道自己有多大本事,从出生那天起,到步入社会就没有把握住自己的命运,把理想和目标看成是自己的现实。理想是远大的,目标是宏伟的,自己却是真实的。真实的自己有远大的理想和宏伟的奋斗目标是无可非议的,可是最重要的问题是要面对现实,一旦自己的理想和现实有距离时,你就可能感到不满意,这就是自己本身的不知足。社会上比出来的不知足那就多如牛毛了,工作不同,职业不同,住房上的区别,职务上的区别,生活上的区别,家庭上的区别等等。这些诸多的区别都会导致你的心态不平衡,自觉不自觉地产生了人与人之间的相互攀比,不知足,不服气也就自然在人的心中慢慢形成。

有一则寓言故事,很有趣的给我们讲解了"攀比"与"知足"的重要性。

一只花猫站在窗前,望着外面的白云蓝天,见大雁从高空飞过。它想,大雁生活得多么自在!它自由翱翔,驰骋万里,俯瞰大地美景,饱尝世间佳肴……哪里像我呀,关在一个家庭里,爬床底,钻黑洞,还要捉老鼠,顶多在院子里溜溜,谈恋爱时叫几声,也会遭到主人的毒打,唉!

……于是它向天空叫着："大雁老哥，您等等。我有话说。"

一只大雁落下问："老弟有什么事要我帮忙吗？"

花猫说："我活得很不自在……"

大雁问："你有什么不自在的？主人给你准备了美味食品，你每天可以睡大觉。据说你们现在娇惯得十分懒惰，连老鼠也不捉了。"

花猫又叹了一声："一家人不知一家事……"

大雁说："不管怎么讲，你活得也比我自在。像我们，冬天要向南飞，躲避寒冷；夏天要往北飞，躲避酷暑。日飞千里，辛苦着呢。况且纪律森严。飞行时，你要是乱了队形，还要小心头雁会啄瞎你的眼睛。我非常羡慕你的舒适生活呢。"

花猫说："既然如此，我们换一换位置吧。请你把翅膀给我用几天。你也在这房子里休息休息，体验一番我们的'幸福生活'。"

大雁痛快地答应："好的。"

说着把翅膀脱下来交给花猫，花猫来到院子里，把大雁的翅膀安装在自己的两只前腿上，可是用尽了吃奶的力气，总是飞不起来。花猫再爬到十层楼顶，往下一跳，随即猛扇翅膀，结果是摔在地下，看来摔得不轻，还"噢"地叫了几声。但它不死心，又爬上十层楼，可是屡试屡败。

大雁在房子里，首先是觉得胸闷，有点喘不过气来。接着又嗅到了一种难闻的气息。这时它又觉得有点饿了，一闻那猫食盆里的味道，就想发呕。这房子和院落也太小了！哪里有蓝天白云呀！如果我在这里呆上十天，翅膀一退化，不要说日飞千里，恐怕连这院子也飞不出去了。

此时花猫回来了。

大雁问："猫老弟，怎么样？可领略了天空的美景？"

花猫头上缠着白纱布，懊丧地说："别提了。你这翅膀不好用。我还是觉得在房子里好。在家里，我没有天敌，主人又是我的朋友……"又问："老哥休息得可好？"

大雁说："差一点把我憋死，你这里是什么世界！快把翅膀还给我，还是在天空翱翔的好！"

花猫把翅膀还给大雁。大雁在自己的身上安装好，对花猫说："不要攀比了。咱们拜拜吧。"

大雁重又飞上蓝天，心情格外舒畅；花猫回到屋里，感到十分温馨。从此它们都心安理得地生活在自己的环境中了。

在人生的旅途中，一个人的能力大小，这并不重要，重要的是你如何面对自己，一个人的职业也不重要，一个人的环境也不重要，重要的是自己要有一颗平衡的心。重要的是要正确对待自己，正确对待周围环境，正确对待别人，正确对待这个现实的社会，如果做到这一点，知足就在你的身边，快乐就在你的身边。

知足者常乐，只有知足才能常乐。不知足又怎么能有快乐呢？

怎样才能使人知足常乐呢？人生中，快乐是最重要的，快乐是没有国界的，快乐是没有富贵贫贱之分的，快乐是世界上所有人的权利。因此我们所有的人要享受人间的开心和快乐，开心和快乐是我们每个人生活中的一部分。人生一世，草木一秋，快乐才有幸福。要开心快乐和幸福就要知足，事事要想得开，要多想身边的人和事，要多比那些生活、家庭、工作和环境不如你的人，在知足的同时再追求新的目标，再做到完美无缺。

知足是相对而言的，并不是说人的知足就不要理想、不要目标、不要追求，不思进取，人的一生就可以船到码头车到站了，知足仅是对现实而言的，一个人无论做什么，怎样生活都不能脱离实际，面对现实中的具体，寻找自己的知足，为人要真诚厚道，做事要光明磊落，要有一颗善良之心、奉献之心、平衡之心、宽容之心、满足之心，做到事事处处多为他

人着想，做到了这些，你才能知足，知足才能开心，开心才能快乐，快乐才能幸福，幸福才能健康。

人们在生活中不断地攀比，让心中产生了太多的痛苦与烦恼，甚至迷失了自己，失去本来拥有的幸福。靠自己的双手和汗水换来想要的一切才会踏实满足，如果只想着走捷径傍大款，你就会发现你拥有了金钱，却失去了更多。因此，还是珍惜眼前的幸福吧。让我们拥有一颗感恩的心去面对人生，要我们在攀比中不要再有痛苦与烦恼，而是有快乐与方向。

6. 砸开贪欲的镣铐

贪欲是一种十分奇特的心理，贪婪者只为了满足其聚敛的欲望，不惜伤天害理，无异于投身地狱一般。现在很多人为了物质方面的得失而大喜大悲，甚至不惜生命和身边的人。

阿拉伯有句谚语："把贪心除掉，你的脚镣就能打开。"显然，养成贪婪的习惯，就意味着一副无形的镣铐加在身上，除非及时猛省其害，否则难免终身受其桎梏。

在古代，江南有一个富商，靠买卖丝绸赚了很多钱。但一次因为生意失误，亏得几乎赔尽了家产。他失魂落魄地走在街上，来到了一个破庙前。他看见了一乞丐，正在快乐的唱歌。富商看着乞丐，明白了身无分文的人也可以快乐的生活。后来他东山再起了，他想起了那个乞丐，于是他决定报答那个乞丐。

一天，那个快乐的乞丐在回破庙的路上，突然发现了什么，那是一袋银子！准确的说是九十九两银子。他兴奋极了，连夜把银子藏好了。"这钱我不能花，"小乞丐自言自语道。"我要攒够一百两银子，那该多好啊！"小乞丐第一次有了自己的理想：得到一两银子。

为了这个目标，小乞丐很早就出去乞讨了，不过现在他讨的不是饭。为了凑够一两银子，原本每天靠讨饭就可以填饱肚子的小乞丐为了讨钱已很少讨饭了，即使他很饿了也只讨一点剩饭吃，钱他是舍不得花的。一连很久小乞丐就这样度过，他再也没有吃饱过，也再也没有快乐过。

可是离凑够一两银子还早着呢！小乞丐变得越来越忧郁，越来越瘦弱。终于有一天，他病倒了，但他心里仍惦记着那未凑够的一两银子。

这时，想来看看小乞丐的富商惊讶地发现了躺在地上早已奄奄一息的小乞丐。他不解地说："你怎么病了不去看郎中呢？我那天不是故意让你在回破庙的路上捡到我给你的一百两银子嘛！"小乞丐说："我……我想凑够一百两银子，你给我的一九十九两银子，我一分未动，我正在攒……攒那差的一两银子。"小乞丐说完就不省人事了。富商立即又塞给了小乞丐一两银子，可小乞丐已经咽了气了。

理想如果是建构在一种永无止境的贪欲上，那么理想就会成为虚妄。富商施舍的那一袋只差一两便够一百两的银子激发了小乞丐的贪欲，使他为了那只差的一两银子失去了快乐乃至生命。活得快乐才是最重要的。人要有一颗摈弃贪欲的心灵，学会泰然放弃，人们才能汲取到生命中最甘甜的玉液琼浆。

人之所以成为万物之灵，就在于有理智，凭理智人能自己控制自己；而当人失去理智时，就会变得比动物更愚蠢。贪欲一旦膨胀，不仅丧失理智，还会丧失人性。

每个人都有自己喜欢的东西。不可否认的是每当我们可以不受限制地得到或享受这些物质时，就被冲昏了头脑，人的贪欲就会暴露出来，往往会不顾一切地一头扎进这份喜悦中。过分的贪欲会带来不幸。就像寓言中的苍蝇一样，因为贪吃蜂蜜而赔上了自己的生命。的确，太不值得了。但它们吃蜂蜜的时候想到这些了吗？当然没有。它们早就被一个"贪"字淹没了。生物都是一样的，看到自己喜欢的东西就会变得疯狂。众所周知的阿里巴巴和四十大盗的故事中，阿里巴巴的哥哥进入山洞时，看到那些数不尽的金银财宝就什么都不顾及了，结果被强盗发现他在洞里，招来杀身之祸。

人生在世总是有着这样或那样的诱惑，很容易落到别人的陷阱中。人一时的贪念足以毁掉自己的一生。猴子因为贪吃木盒子中的食物，就掉进了猎人的陷阱。但由于自己的贪欲不愿放手，最终还是落到猎人的手中。

人何尝又不是这样呢？因为自己的贪欲，不懂得放弃对自己有害的事物，最终还是被别人利用或伤害了自己。正所谓，大弃大得，小弃小得，不弃不得。不懂舍弃，就不会得到。

在辽阔的坦桑尼亚草原上，一只鬣狗面对着分岔路两头绊倒在灌木中的山羊，不知如何是好。为了两只山羊都能成为它的盘中餐，愚蠢的它竟然把自己劈成两半，由此非洲广泛流传一条谚语："鬣狗难过岔路口。"

这不禁让人想起我国唐代文学家柳宗元所写的一篇名为《蝜蝂传》的寓言，讲的是一只小蝜蝂虫，喜爱将周遭之物负于背上，而且贪多，人们可怜它的弱小就去除掉它背上的重物，可当它刚能得以解脱能够爬行时，就又找回以前的物品负于背上，最后因其力不及，坠地而死。小蝜蝂虫和鬣狗最后有如此悲惨的结局，全因为"贪婪"二字所赐，是贪婪，将它们引入死亡的深渊。

唐太宗曾告诫官员："鸟择高木而栖，鱼择深水而息。但它们皆因贪食诱饵而被捕。"贪婪，在某种程度上意味着自取灭亡。清代的贪官和珅，驰骋官场几十载，富可敌国。可还是逃不过乾隆之子嘉靖的严查，最后落得个"抄没家产，赐白绫一条"的下场。西方的拿破仑，侵略西班牙，占领普鲁士不够，贪得无厌的他妄想统治世界，最后强攻俄国导致失败。法

西斯巨头希特勒，闪击波兰，攻占捷克不满足，为了占有更大的土地，挑起了第二次世界大战，兵败身亡。是贪欲，是不满足的欲望夺去了他们的理智，令他们丧心病狂地掠夺，结果却是荒凉地失去一切，甚至生命。

其实仔细想想，贪欲地占有了那么多，到最后会幸福吗？不，因为人的私欲之心是一个怎么也填不满的火炕，最后引火烧身。没有任何一个人可以拥有整个大千世界。人跋涉于山阻江隔，在风急雨骤的人生旅途中，也要学会遏制贪欲。

贪欲与生俱来，人人都有。世人为何不心安，只因放纵了贪欲。明末清初有一本书叫《解人颐》，对贪欲作了入木三分的描述："终日奔波只为饥，方才一饱便思衣，衣食两般皆俱足，又想娇容美貌妻。娶得美妻生下子，恨无田地少根基，买到田园多广阔，出入无船少马骑。槽头扣了骡和马，叹无官职被人欺。当了县丞嫌官小，又要朝中挂紫衣。若要世人心里足，除是南柯一梦西。"可见人心不足蛇吞象，不是一句空言。做人如果不能控制自己的贪欲，就会成为欲望的奴隶，最终丧失自我，被贪欲所役。

要砸开贪欲的镣铐，就要求我们必须不断加强自身修养，时刻保持一颗平常心。锁住欲望，就是锁住了贪婪。做人要想真正做到俯仰无愧，堂堂正正，就必须扶正去邪，扬公抑私。

心灵回收站

修复心灵的漏洞 | 安装爱的补丁

卷八　游走在"大智"与"大拙"间的鼠标

Manament and dlog

　　内心游走的鼠标，是我们人生中一种浅浅的欲望。但在为人处世的显示器前一点点散发出那些"大智慧小灵感"时，就能用鼠标点击出属于自己的正确选项。

1. 藏锋露拙赢天下

藏锋是书家语，就是笔锋藏而不露。是曾国藩的"龙蛇伸屈之道"，是一种自我保护、自我实现价值的生存之道。

曾国藩说：人生就像一场竞技比赛，不管多么努力，多么出色，结果总会有相对于第一名的落后者。享受欢呼的，仅仅是那成千上万名中第一个冲到终点的幸运儿。生活又何尝不是这样？绝大多数的人都在平凡的工作，平凡的生活着，人生风云变幻，又有多少人没有品尝过世事沧桑的滋味呢？一个人不自我表现，反而显得与众不同；一个人不自以为是，会超出众人；一个人不自夸会赢得成功；一个人不自负会不断进步。相反，如果太锋芒毕露，一定会遭到别人的嫉恨和非议。

藏锋露拙与锋芒毕露，是两种截然相反的处世方式。锋芒引伸指人显露在外表的才干。有才干本是好事，是事业成功的基础，在恰当的场合显露出来是十分必要的。但是带刺的玫瑰最容易伤人，也会刺伤自己。露才一定要适时、适当。时时处处才华毕现只会招致嫉恨和打击，导致做人及事业的失败，不是智慧者的所作所为。有志于做大事业的人，可能自认为才份很高，切记要含而不露，该装傻的时候一定要装得彻底，有了这把保护伞，何愁事业不成功？

　　"人不知而不愠，不亦君子乎！"可见人不我知，心里老大不高兴，这是人之常情，尤其年青人，总是希望在最短时间内使得人家知道你是个不平凡的人。使全世界都知道，当然不可能；那么使全国人都知道，还是不可能；那么使一地方人都知道，仍是不可能；那么至少要使一个团体的人都知道，要使人知道，当然要引起大家的注意，要引起大家的注意，只有从言语行动方面用力，于是言语锋芒、行动锋芒是刺激大家的最有效方法。

　　但是你细细看看你的同事，是处世已有历史，已有经验的同事，他们却与你完全相反；"和光同尘"，毫无主角，言语如此，行动亦然，个个深藏不露，好像他们都是庸材，谁知他们的材，颇有出于你上者；好像他们都是讷言，谁知颇有善辩者；好像都是无大志，谁知颇有雄才大略，不愿久居人下者，但是他们却不肯在言语上露锋芒，在行动上露锋芒，这是什么道理？因为有所顾忌，言语锋芒，便要得罪旁人，得罪旁人，旁人便成为你的阻力，成为你的破坏者；行动锋芒，便要惹旁人的妒忌，旁人妒忌，他们也成为你的阻力，成为你的破坏者。

　　你的四周，都是你的阻力，你的破坏者，在这种形势之下，把你的立足点都被推翻，那里还会实现你的求知放人之目的！青年人往往多树敌，与同事不能水乳交融，就是为了言语锋芒、行动锋芒的缘故，言语所以锋芒，行动所以锋芒，是急于求知于人的缘故。

　　《庄子》中有一句话叫："直木先伐，甘井先竭。"一般所用的木材，多选择挺直的树木来砍伐；水井也是涌出甘甜井水者先干涸。由此观之，人才的选用也是如此。有一些才华横溢、锋芒太露的人，虽然容易受到重用提拔，可是也容易遭人暗算。

　　隋代薛道衡，13岁时，能讲《左氏春秋传》。隋高祖时，作内史侍郎。炀帝时任潘州刺史。大业五年，被召还京，上《高祖颂》。炀帝看了

不高兴，说："这只是文词漂亮"。拜司隶大夫。炀帝自认文才高而傲视天下之士，不想让他们超过自己。御史大夫乘机说道衡自负才气，不听训示，有无君之心。于是炀帝便下令把道衡绞死了。天下人都认为道衡死的冤枉。他不正是太锋芒毕露遭人嫉恨而命丧黄泉的吗？

那么，遇到这种情况怎么办呢？《庄子》中提出"意怠"哲学。"意怠"是一种很会鼓动翅膀的鸟，别的方面毫无出众之处。别的鸟飞，它也跟着飞；傍晚归巢，它也跟着归巢。队伍前进时它从不争先，后退时也从不落后。吃东西时不抢食、不脱队，因此很少受到威胁。表面看来，这种生存方式显得有些保守，但是仔细想想，这样做也许是最可取的。凡事预先留条退路，不过分炫耀自己的才能，这种人才不会犯大错。这是现代高度竞争社会里，看似平庸，但是却能按自己的方式生存的一种方式。

南朝刘宋王僧虔，是东晋王导的孙子。宋文帝时官为太子中庶子，武帝时为尚书令。年纪很轻的时候，僧虔就以善写隶书闻名。宋文帝看到他写的白扇子上面的字，赞叹道："不仅是字超过了王献之，风度气质也超过了他。"当时，宋孝武帝想一人以书名闻天下，僧虔便不敢露出自己的真迹。大明年间，常常把字写得很差，因此而平安无事。

所以有才华的人必须把保护自己也算作才华之列。一个不会自我保护的人有才华，却使才华过早的埋没，而不能为社会作更多的事。

在洛阳有一位男子因与人结怨而处境困难。许多人出面当和事佬，但对方一句话也听不进去，最后只好请郭解出面，为他们排解纠纷，郭解晚上悄悄地造访对方，热心地进行劝服，对方逐渐让步了。如果是普通人，一定会为对方的转变而沾沾自喜，但郭解却不同，他对那位接受劝解的人说："我听说你对前几次的调解都不肯接受，这次很荣幸能接受我的调解。不过，身为外地人的我，却压倒本地有名望的人，成功地排解了你们的纠纷，这实在是违背常理。因此，我希望你这次就当作我的调解失败，等到我回去，再回由当地的有威望的人来调解时才接受，怎么样?"

这种做法实在是异于常人，细想起来真是一种使自己免遭众人嫉恨的明智之举。既保护了自己，又留下了为人称道的美名。谁能说郭解不是大智之人呢? 比较起来，那些极力显示自己才能的人，不过是小聪明罢了。

《老子·洪德》章说："大巧若拙，大辩若讷"。意思是最聪明的人，真正有本事的人，虽然有才华学识，但平时像个呆子，不自作聪明；虽然能言善辩，但好像不会讲话一样。无论是初涉世事，还是位居高官，无论是做大事，还是一般人际关系，锋芒不可毕露。有了才华固然很好，但应在合适的时机运用才华而不被或少被人忌。避免功高盖主，才算是更大的才华，这种才华对国对家对人对己才有真正的用处。

出奇制胜往往是最令人心悦诚服的，而过分显露自己既无用也无趣。不急于表露你的看法可让人揣测不已，尤其在你的地位足以引起人们期待的时候，神秘可使他们对你肃然起敬。即使你必须道出真相，也最好避免将一切和盘托出。

要学会藏锋露拙，不要让别人轻易就能看见你的内心，谨慎的沉默是一个精明之人的庇护之所。心中一有想法就大肆张扬，不仅会招来评论，而且也难得到他人的尊重。因此，如果你希望别人尊重你、敬仰你，就应当藏锋露拙。

2. 成与败有时就取决于舍与得

　　佛家有句禅语叫"舍得"。舍得，是文化的精髓；舍得，是亘古的哲理；舍得，亦是随心而生的生活禅学。鸣蝉舍弃了外壳，因而能自由高歌；壁虎舍弃了尾巴，因而能在危难之中保全生命；雄蜘蛛舍命求爱，因而得以繁衍后代。自然界弱小的动物以其超凡的智慧昭示我们：只有舍，才能得。

　　舍，古人写作"猞"，即用手拿东西给人，得即得到。当"舍得"二字组合在一起成为一个词的时候，它就成为一种精神、一种智慧、一种境界。舍得舍得，小舍小得，大舍大得，不舍不得，有因便有果，有舍才有得。欲觅果须先种树，欲求谷须早插秧。大凡"得"者，必有"舍"的前提与代价；但凡"舍"者，也大多会有"得"的结果与回报。这一道理细细思量在生活中时时体现、处处包含，属于自己的应该珍惜，而不属于自己的就学会放弃。生命之中，不属于自己的太多太多，而人只有一双手，握住的总是有限的。

　　一个人一生之中，当遇到各种各样的选择与诱惑，我们应该学会有选择放弃。

　　一个很古老的故事：一个守财奴的家乡发大水，贫穷的人们都因为没有所要带去的东西，无挂一身轻，很顺利地就获救了。而这个事实上非常善游泳的守财奴却把家中的金银财宝带满了全身，拼命地在水中挣扎并向远处的一只小船呼救。船上的人见此情景大喊着让他把身上的东西扔掉，减轻他的重量，使他不至于马上沉下去以给营救容出空来。可是这个守财奴却舍不得扔掉自己的金银财宝。结果可想而知，他舍不得自己的金银财宝，被淹死了。

　　也有的人却能悟透舍与得之中的玄机：一个人挑着一担子瓷器去赶庙会。在翻山的时候，几只瓷器从箩筐里滑落了下来，那个人却头也不回地继续赶路。行人奇怪他为什么不停下来把那几只还没有摔破的瓷器捡起来，便惊讶地问他。那个人却说："如果我停下来去捡拾那几只还没有摔破的瓷器，那么就会有更多的瓷器被摔坏……"

　　人生欲望太多，永无满足。所以叔本华说，生命是一团欲望，欲望不满足便痛苦。舍得，有舍才有得。该给予时就给予，该舍弃时就舍弃。别太在意一时的得，也别太在意一时的得失。存在的不一定永远存在，失去的不一定永远失去。

　　佛家讲，舍就是得，得就是舍；道家以为，舍就是无为，得就是有为；儒家看来，舍恶以得仁，舍欲而得圣；在现代人眼里，"舍"就是付出、是贡献、是投入，"得"是成果、是产出、是认同。所以，"舍得"，就是一种哲学的体现，也是人生必然面对的一项选择。有"舍"才会有"得"。"得"是有选择性的得到，"舍"是有目的的舍弃。"舍"字在现实中更富有哲学思想，是一种思想境界，一种领悟，是人生的一种大智慧。参透舍得，实践舍得，人生之花将绽放出悠然的、智慧的光彩。

　　真实的人生就是这样在舍与得之间摆渡。把握住舍与得，是一生

的福。

舍得是一种人生的境界；舍得是急流勇退的明智；舍得是快刀斩乱麻的果断；舍得是对荣辱成败的超越；舍得是比获取更为艰难的选择；舍得是对是非恩怨的豁达与睿智；舍得是一种更为智慧的处世方法。

人的精力是有限的，人的才华主要发挥在自己的领域，人只能选择最适合自己的东西，不舍得放弃的结果可能就是被迫放弃，而且还可能是全面放弃，所以人生不仅要进取，还要舍得放弃。

一个人只有知道自己能干什么，不能干什么，才能把有限的精力集中到能够成功的事业上。超出自己实际能力的大志、抱负，给人带来的不只是力不从心的重负和壮志难酬的遗憾，更重要的是耗费了能够成就力所能及的事业的精力和时间。舍得放弃，其实是为了得到以后更好的机会，是为实现人生大目标所采取的一种洒脱、豁达和飘逸的生活策略，没有宽广的胸怀、能够容人的气度和智慧就很难做到主动放弃。

现实中不是每个人都能运用好自己有限的精力，做到有"舍"有"得"。在这方面，很多男性往往还不如女性，有时是巾帼胜过须眉，这方面运用自如给人留下深刻印象的是女皇武则天。武则天当时虽受到皇上的宠幸，但在宫中只是被册封为"昭仪"，在后宫排在第三等。在与王皇后和萧淑妃的斗争中，武则天广施钱财，与人倾心相结，宫女、太监都为武则天通风报信。《资治通鉴》记载："武昭仪伺后所不敬者，必倾心与相结，所得赏赐分与之。由是后及淑妃动静，昭仪必知之，皆以闻于上。"武则天除了把皇上赏赐的分给他的耳目，也对朝廷的官员封官许愿，对支持她当皇后的李义府，皇上赐珠一斗，《资治通鉴》记载："昭仪又密遣使劳勉之，寻超拜中书侍郎。于是卫尉卿许敬宗、御义大夫崔义玄、中丞袁公瑜皆潜布腹心于武昭仪矣。"也就是说朝中很多官员成了武则天的心腹，最终，武则天取得了胜利，当上了皇后。

　　"舍不得孩子套不得狼",这是在民间流传很广的一句俗话,这句话怎么来的,现在自然无法考证,我们的先人在套狼时用孩子做诱饵也未可知。可这句话是经不住推敲的,一是套狼并非要用孩子,二是你非得要用孩子套狼,未免有点不计成本,或是说投入产出反差太大,不符合最小投入、获取最大收获的原则,怎么说这孩子和狼也没法画等号。但这句话这么流行,应该是有它的道理的,这不外乎表示你下了很大的决心,把最大的心爱之物——孩子都舍出来了,还有什么不舍得的,另外就是赌一把,带有冒险的意思了。这句话怎么看都是一句夸张语,就像唐诗:"白发三千丈"。夸张得越大,也就越流行,既然是流行语,我们就权当这句话是正确的吧。

　　舍得是选择,舍得是承担,舍得是忍耐,舍得是智慧,舍得是痛苦,舍得是喜悦。你若真正把握了舍与得的机理和尺度,便等于把握了人生的钥匙和成功的机遇。要知道,百年的人生,也不过就是一舍一得的重复。

　　"舍得人生,成败尽在舍得之间"。舍得既是一种处世的哲学,也是一种做人做事取舍的艺术。人生在世,许多的纠缠烦恼都在这"舍与得"之间。舍得舍得,寓意深刻:有舍有得,不舍不得;小舍小得,大舍大得;欲求有得,先学施舍。舍舍得得、得得舍舍就充满在我们琐碎的日常生活中,演绎着成功和失败的故事。舍得是一种哲学,也是一种艺术,舍得,得舍,何得?何舍?刚者则柔不足,柔者则刚不足,勇者必戾,智者必诈,世间万物,芸芸众生,无有完美,对应其优点必有缺点!舍弃与得到之间的利弊用什么权衡?造化弄人,舍得间是痛苦并快乐着!

3. 注册一个"低调"的账号

人一生中能够确立自身根基的事不外乎两件：一件是做人，一件是处世。而历览古今，纵观中外，最能保全自己、发展自己和成就自己的人生之道便是：高标处世，低调做人。所谓"捧着一颗心来，不带半根草去"、"以出世的精神做入世的事情"，就正是这一标准的生动注解。我们翻阅历史，注目现实时，往往还会发现：大凡高标处世者，其做人的基调都很低；大凡低调做人者，其处世的标准都相当高。于是就产生了一种奇妙的因果：越是低调做人者，往往越能成就大事；越是功成名就者，往往越是低调做人的典范。

低调做人，高标处世，我们便能获得一片广阔的天地，成就一份完美的事业，更重要的是，我们能赢得一个涵蕴厚重、丰富充沛的人生。有鉴于此，我们做人的焦虑和处世的惶惑也就能够冰消雪释了。

在我们的一生中，如果要使自己在人生旅途中一帆风顺，少遇挫折，学会"弯腰、低头、侧身"，对每个人来说都是一门必不可少的修炼。而低调做人正是这种修炼的最佳境界。同时，低调做人也是一个人步入社会必备的自我保全账号。熙来攘往的社会处处风雷激荡，时时风云变幻，只有甘于低调之人才能在社会的风雨中获得更多的人生保全。

　　杨万里是南宋著名的诗人，他知识渊博，很有才华，所写的诗，一直蜚声四方。但是他为人低调，一直非常谦虚。

　　有一名士一向很自负，他常说自己学识渊博，天下没有人胜得过他。后来他听说杨万里很有名，非常不服气，决定给他一封信，说要亲自到杨万里的家乡江西吉水拜见他。杨万里也早就听说这个人一贯骄傲得不得了，就给他回了一封信，并说："我很欢迎您的到来，并冒昧地向您提一个小小的要求，听说你们家乡的配盐幽菽非常有名，很想亲口尝一尝滋味，请您来时顺便捎带一点。"

　　那个名士拆信一看，不禁一下子愣住了，什么是配盐幽菽呀？自己未曾听说过。他想了很久，也想不出是什么东西，他又不愿意放下身份去问别人，只好自己在街上到处乱找，但找了很久也没有找到。后来，他只好两手空空地来到吉水。他见到了杨万里后，寒暄了几句就问："您信中提到的配盐幽菽是不是卖的地方比较偏僻，我找了很久也没有找到，实在抱歉！"

　　杨万里听了哈哈大笑起来："你们那里家家户户都有啊！"说着，他随手从书架上取下一本《韵略》，翻开当中的一页。名士接过来一看，上面明明白白地写着："豉，配盐幽菽也"一行字。他这才明白，原来所谓的配盐幽菽，就是家庭日常食用的豆豉啊！

　　连我们周围最显而易见的事物，我们有时都不了解，那还凭什么自负不已呢？倘若低调一点的话，不就会少一些此类的尴尬和笑柄了吗？

　　低调是一种生活的态度，没有宽容，没有炫耀，面对他人他事冷静沉稳，才能过得充实美满。低调亦是一种生存的哲学。努力用知识武装自己，学富五车的贤人自然会被他人传颂，服人不以"口"，而是以"德"。

19世纪美国科学家爱迪生总是不修边幅，一日一位友人在街上遇到衣冠不整的他，笑话他的落伍打扮，他淡然地摆手笑道："没关系，反正大家都不认识我。"而当他被喻为"发明大王"，享誉世界以后，依然是老样子，面对友人的嬉笑，他幽默地回答："没关系，反正大家都认识我了。"

这种不拘小节、淡然处世的生活态度，正是我们提倡和追求的。低调却不低俗，平凡却不平庸。伟人用对本质的渴望与追求遮盖了身上巨大的光环，在自己的生活领域内过得踏踏实实。这简单明了的道理对于我们来说，亦可以创造出一片天地。低调为人，悟人生。

对于低调做人，很多佛教经典中都有所论述。《大乘本生心地观经·无垢性品》告诫人们："要把众生看作是佛的化身，把自己看作愚夫。要把一切有情都看得非常尊贵，把自己看成是仆人。要把众生看成是自己的父母，把自己看成是子女。出家菩萨要常常这样观想，有时即使被打骂，始终也不加报复。用各种巧妙的方法，来调伏自己的心。"这是告诉我们，无论做人还是处世，都不要把自己抬得过高，否则将会摔得很惨。

低调不是退缩，不是无为。有些低调的人像是天使，哪里有难到哪里；又像一支灵笛，悄悄赶走恶魔后又轻轻飞走。青年农民魏青刚三次下海救人，人救出以后他悄悄离开，当周围的人们寻找这位天使时，他已消失在茫茫人海之中。谁能说这位低调的天使不可爱可敬呢？

低调平庸，不是无争。有些低调的人像一棵小草，默默为大地增添一丝绿意；又像一朵小花，悄悄为大地装饰一缕艳影。曾经住在破茅屋中贫病交加的诗圣杜甫，自己"床头屋漏无干处"，却大呼"安得广厦千万间，大庇天下寒士俱欢颜"。"少无适俗韵，性本爱丘山"的陶渊明，不为五斗米折腰，归田园兮，"采菊东篱下，悠然见南山"。谁能说这样低调生活的诗人平庸呢？

低调不是丑陋，而是高贵。莲"出淤泥而不染，濯清涟而不妖"，它生于污泥，长于浊水，但即便是雍容富贵的牡丹，艳丽热情的玫瑰也都不及它的清新淡雅，卓然不群。谁能说从污泥中挺出的低调的莲花丑陋呢？

低调不是退缩，也不是无为，而是一颗成熟的心在经历人生百态后呈现的一种朴实风景；低调不是平庸，也不是无争，而是一种达观的胸怀在淡泊名志时展现的一种广阔；低调不是丑陋，而是高尚，是一种"桃李不言下自成蹊"，"斯是陋室惟吾德馨"的人生化境。

低调做人，我们便能获得一片广阔天地，成就一份完美的事业，更重要的是，我们能赢得一个涵蕴厚重、丰富充沛的人生。低调做人是高标准要求自己的必然结果。低调做人是一种境界，一种风度，一种修养，一种去留无意的胸襟，一种宠辱不惊的情怀。甘于低调做人者，总能以平常心面对喧嚣的世界，纷扰的人群，在为人处世上从不表现出骄慢、卖弄和过分张扬的姿态，而是把自己的举止言行融于常人当中，并始终把自己看作是社会上普普通通、实实在在的一员。这不仅是一种做人的标准，也是一门做人的艺术。

请开始在你所在的社会网页中注册一个"低调"的账号。

4. 高处不胜寒，俯身有收获

　　山东寿光有个农民叫刘成德，他因为研究出了"一边倒"桃树的栽培技术而一举闻名，被称为"寿光桃王"。"一边倒"技术的最大优势，就是高产，按照一般情况，一亩桃树最多只能产出 2000 斤左右的桃子，而刘成德"一边倒"树型结出的桃子产量，每亩却能达到 5000 斤至 1 万斤，粗略估算，一亩地毛收入可达 2 万余元，如今刘成德的这一技术不仅获得了国家专利，而且每年的收入也超过百万元，成为靠科技走上致富道路的典型人物。

　　刘成德从 1991 年开始研究种桃，一直是按照"直立"树型的思路研究的，为了提高产量，他先后建起了多个大棚进行栽培试验，花光了家里的所有积蓄，又向银行贷款 8 万元，向亲戚借款 4 万元，但试验都失败了，借贷的钱也全赔进去了。眼看自己就要陷入绝境了，一个偶然的机会，他的灵感得到了闪现。一年春天，正是桃树挂果的时期，他走进自己的桃园，发现边角处有一棵桃树不知什么时候歪倒了，他走过去准备将那棵歪倒的树"扶正"，却意外地发现那棵歪倒的桃树上所结的果实，远比其他"直立"桃树上的果实多得多。这是为什么呢？对于一个多年研究种桃的人，这种奇特的现象使他格外敏感。他思虑再三，终于得出结论：那棵歪倒的桃树接受阳光要比别的桃树多。直立树型一般情况下，因为相互遮挡，大约有40％的部分不能接受阳光，而歪倒的桃树却从上午到下午都能接受阳光的照射，这就是挂果特别多的真正原因。

受这棵"歪脖树"的启发，刘成德茅塞顿开。第二年，他便把那些"直立"的桃树，有意地弄弯。向西80度倾斜下去，形成"一边倒"树型，让阳光从上午到下午都能充分地照射到树上。果然，这一年他取得了巨大成功。

日常生活中，做人与种桃是一样的。刘成德的成功启示我们，做人不要"趾高气扬"，要弯下腰去，只有适度地弯腰，才能收获到更多。

很久以前，一位挪威青年男子漂洋过海到了法国，他要报考著名的巴黎音乐学院。考试的时候，尽管他竭力将自己的水平发挥到最佳状态，但主考官还是没能录取他。

身无分文的青年男子来到学院外不远处一条繁华的街道，勒紧裤带在一棵树下拉响了手中的琴。他拉了一曲又一曲，吸引了无数人驻足聆听。饥饿的青年男子最终捧起自己的琴盒，围观的人们，纷纷掏出钱来，放在了琴盒里。一个无赖鄙夷地将钱扔在青年男子的脚下。青年男子看了看无赖，弯下腰拾起地上的钱，递给无赖说："先生，您的钱丢在了地上。"无赖接过钱，重新扔在青年男子的脚下，傲慢地说："这钱已经是你的了，你必须收下！"青年男子再次看了看无赖，深深地对他鞠了个躬说："先生，谢谢您的资助！刚才您掉了钱，我弯腰为您捡起。现在我的钱掉在了地上，麻烦您也为我捡起！"无赖被青年出乎意料的举动震撼了，最终捡起地上的钱放入青年男子的琴盒，然后灰溜溜地走了。

围观的人群中有双眼睛一直默默关注着青年男子，他就是刚才的那位

主考官。他将青年男子带回学院，最终录取了他。这位青年男子叫比尔撒丁，后来成为挪威小有名气的音乐家，他的代表作是《挺起你的胸膛》。

当我们陷入生活最低谷的时候，有时会招致一些无端的蔑视；当我们处在为生存苦苦挣扎的关头，有时会遭遇肆意践踏你尊严的人。针锋相对的反抗是我们的本能，但往往会让那些缺知少德者更加变本加厉。我们不如以理智去应对，以一种宽容的心态去展示并维护我们的尊严。那时你会发现，任何邪恶在正义面前都将无法站稳脚跟。有的时候，弯下的是腰，但拾起来的，却是你无价的尊严！

生活总会有些让我们无奈或是尴尬的境况，面对这些特殊状况，我们就应该放低姿态，俯身弯腰以另一种变通的方式予以应对。这样不仅不会失去自有的价值，还有可能会有意外的收获。

5. 把生活之痛打成压缩包

法国纪录片《微观世界》中有这样一个场景：

一只屎壳郎，堆着一个粪球，在并不平坦的山路上奔走着，路上有许许多多的沙砾和土块，然而，它推的速度并不慢。

在路正前方的不远处，一根植物的刺，尖尖的，斜长在路面上，根部粗大，顶端尖锐，格外显眼。也许是冥冥之中的安排，屎壳郎偏偏奔这个方向来了，它推的那个粪球，一下子扎在了这根"巨刺"上。

然而，屎壳郎似乎并没有发现自己已经陷入困境。它正着推了一会儿，不见动静。它又倒着往前顶，还是不见效。它还推走了周边的土块，试图从侧面使劲——该想的办法它都想到了。但粪球依旧深深地扎在那根刺上，没有任何出来的迹象。

有些人不禁为它的锲而不舍好笑，因为对于这样一只卑小而智力低微的动物来说，实在是不能解决好这么大的一个"难题"的。就在人们暗自嘲笑它，并等着看它失败之后如何沮丧离去时，它突然绕到了粪球的另一面，只轻轻一顶，咕噜——顽固的粪球便从那根刺里"脱身"出来。

它赢了。

没有胜利之后的欢呼，也没有冲出困境后的长吁短叹。赢了之后的屎壳郎，就像刚才什么也没有发生过一样，它几乎没有做任何停留，就推着粪球急匆匆地向前去了。

也许在生活的道路上，它已经习惯了这样的场景；也许它活着，根本不需要像人一样，需要许许多多的"智慧"；也许在它的生命概念中，根本就不懂得赢输。推得过去，是生活；推不过去，也是一样的生活。

由此想来，也许生活原本就没有痛苦。人比动物多的，只是计较得失的智慧，以及感受痛苦的智慧。

有一个师傅对于徒弟的抱怨这抱怨那感到非常厌烦。于是，有一天早晨，他派徒弟去取一些盐回来。当徒弟很不情愿的把盐取回来后，师傅让徒弟把盐倒进水杯里，然后喝下去，并问他味道如何。徒弟吐出来，说："很咸。"

师傅笑着让徒弟带着一些盐，跟着他一起去湖边。他们一路上没说话。

来到湖边后，师傅让徒弟把盐撒在湖里，然后对徒弟说："现在你喝点湖水。"徒弟喝了口湖水。师傅问："有什么味道?"徒弟回答："很清凉"。师傅问："尝到甜味了吗?"徒弟说："没有。"

然后，师傅坐在这个总在怨天尤人的徒弟旁边，握着他的手说："人生的痛苦如这些盐，有一定数量，既不会多也不会少，我们承受的痛苦的容积的大小决定痛苦的程度。所以，当你感到痛苦的时候，就把你承受痛苦的容积放大一些，不是一杯水，而是一个湖。"

痛苦尽管难以忍受，它毕竟是有限的，而我们承受一切的心胸可以无限扩大，以至包容一切，心胸开阔，痛苦自然会变得轻微。

生活之痛总是让我们身心受挫，但如果能淡然地回想这些痛苦，发现其实也真的不算什么。痛的重量取决于心的坚强程度。把痛苦打成压缩包，减少它们在你心灵空间的重量。看轻一切痛苦，就是给你的生命加足了实重。

6. 选择性忘记

有人说，学会忘记是生活的艺术。

人人有烦恼，学会忘记，就是要我们忘记烦恼，告别忧郁。重新拾起那往日的不快，无疑是让我们重新经历一次不堪回首的伤痛。我们要学会忘记那些必定会左右我们的情绪，让我们精神不爽，使我们刻骨铭心的伤痛，将它们抛至九霄云外，不能让它们干涉我们的生活，禁锢我们的思想，搅乱我们的情绪。忘记生活的单调，就会使我们随时都能快乐地面对人生。据说，金鱼的记忆只能维持七秒钟，七秒钟之前发生的事情，它是记不住的。于是，金鱼总会有一种新鲜感，能够一次一次地在小小的鱼缸中快乐地游来游去。

佛经里有个小故事，说小和尚和老和尚一起去化缘，小和尚毕恭毕敬，什么事都看着师父，走到河边，一个女子要过河，老和尚背起女子过了河，女子道谢后离开了，小和尚心里一直想着，师父怎么可以背那个女子过河呢？但他又不敢问，一直走了 20 里，他实在憋不住了，就问师父，我们是出家人，你怎么能背那女子过河呢？师父淡淡地说，我把她背过河就放下了，可你却背了她 20 里还没放下。

　　大和尚的话充满禅意，仔细想想，也是人生的道理。人的一生像是一次长途跋涉，不停地行走，沿途会看到各种各样的风景，历经许许多多的坎坷，如果把走过去看过去的都牢记心上，就会给自己增加很多额外的负担，阅历越丰富，压力就越大，还不如一路走来一路忘记，永远保持轻装上阵。过去的已经过去了，时光不可能倒流，除了记取经验教训以外，大可不必耿耿于怀。

　　乐于忘怀是一种心理平衡，需要坦然真诚面对生活。有些人能够忘记失意时的尴尬和窘迫，却对顺境时的得意津津乐道，岂不知成功和失败一样会留在过去，老是沉湎过去不能释怀，常常说我年轻那会如何如何，拿昨日黄花当眼前美景，让过眼烟云在心头永留，沾沾自喜，自鸣得意，陷自己与虚妄之中，便会不思进取，裹足不前。"英雄不提当年勇"是有道理的。而反复咀嚼过去的痛苦，永远一脸的苦大仇深就更不足取了。印度诗人泰戈尔说过："如果你为失去太阳而哭泣，你也将失去星星。"为鸡毛蒜皮斤斤计较，为陈芝麻烂谷子耿耿于怀，只怕心灵之船不堪重负，记忆之舟承载不下，会让痛苦的过去牵制住未来。一句老话说得好：生气是拿别人的错误来惩罚自己。老是念念不忘别人的坏处，实际上深受其害的是自己。既往不咎的人，才是快乐轻松的人。

　　忘记需要选择，有些人有些事在你的一生中是无法忘怀的，也不该忘怀。阿拉伯著名作家阿里，有一次和吉伯、马沙两位朋友一起旅行。三人行经一处山谷时，马沙失足滑落。幸而吉伯拼命拉他，才将他救起。马沙于是在附近的大石头上刻下了："某年某月某日，吉伯救了马沙一命。"三人继续走了几天，来到一处河边，吉伯跟马沙为一件小事吵起来，吉伯一气之下打了马沙一耳光。马沙跑到沙滩上写下："某年某月某日，吉伯打了马沙一耳光。"当他们旅游回来后，阿里好奇地问马沙为什么要把吉伯

救他的事刻在石上，将吉伯打他的事写在沙上？马沙回答："我永远都感激吉伯救我，我会记住的。至于他打我的事，我只随着沙滩上字迹的消失，而忘得一干二净。"这个故事告诉我们，牢记别人对你的帮助，忘记别人对你的不好，这才是做人的本分。

在生活中，我们要学会躲避，就是说，要学会刻意去躲避、绕开那些不愉快的事情。每个人的生活道路都不可能是十分平坦的，每个人的生活都可能会不尽人意。如果我们主观上不能阻止那些令人不快的事情发生，就应该尽力绕开它，尽量避免与生活中的那些烦恼纠缠不休。这是保持愉快心情、调整心态、笑对人生的一个很重要的方法。

学会忘记，就是要我们重温快乐，学会感恩。我们每个人的生命只有一次，在我们有限的生命中，我们要把记忆的空间留给那些令人愉快的事情，留给生活中意想不到的收获，留给生活中哪怕是一丝丝的感动，留给生活所给我们的每一个馈赠。凡是能使我们的灵魂受到洗礼，能使我们的精神世界不断丰富的事情，我们都要不断地重温，经常地回忆，让这些令人向上的情感感染我们，影响我们的情绪，界定我们的心情。

学会忘记，就是要我们仁爱为本，海纳百川。我们在与他人交往中的很多不快，往往来自于小肚鸡肠式的斤斤计较。往往一点点误解，就会使我们耿耿于怀，锱铢必较。人与人之间的许多分歧，细细追究，大多是一些隔年皇历，陈年旧账。而那些纠缠于鸡毛蒜皮、陈康烂谷的人，通常会搞得自己整天闷闷不乐，郁郁寡欢，直眉瞪眼，疲惫不堪。其结果，不仅损害了与他人的友谊，还无形中惩罚了自己的身心，为自己的身体埋下了疾病的隐患，为自己的心理平添几多愤懑。因此，只有做到既往不咎，才能使自己的生活快乐轻松。我们在宽恕别人的同时，也拯救了自己的灵魂。

学会忘记，就是要我们心胸开阔，宽容待人。这是夫妻之间、恋人之间保持爱情活力的重要法宝。夫妻或恋人相处久了，矛盾就会频频产生，而当矛盾产生时，各自都会相互指责，对方以前那些可以容忍的缺点，此时也会变得难以包容，忍无可忍。如果能够做到学会忘记，在记忆中多储存一些对方的优点，多罗列出对方对自己的关心和爱护之处，少储存或尽量不储存对方的缺点，忘记对方曾经有过的对自己的不公，事情就会有很大的改观。

学会忘记，就是要我们减轻心灵的行李，放下精神的包袱，轻装上阵，同时，告别心灵的抑郁，走出情绪的低谷，以阳光般的心情，轻松洒脱地直面人生。

许多人喜欢这样一首白话诗：春有百花秋有月，夏有凉风冬有雪。若无闲事挂心头，便是人间好时节。记住某些事某些人，忘记某些事某些人，记住该记住的，忘记该忘记的，洒脱人生，心无挂碍，你便会觉得生活是如此美好。

心灵回收站

修复心灵的漏洞 | 安装爱的补丁

卷九 让心态的网速
更快更阳光地提升吧
Manament and dlog

好的心态经常会处于断线状态，坏的心情也不总是满格电量。打开你心灵的键盘，按下你喜欢的按键，写出你最向往的生活态度，删除烦恼，储存快乐，让心情处于最上限的阳光网速！

1. 得意不忘形，失意不灰心

得意忘形是一句成语。在字典上的解释是：形容浅薄的人稍稍得志，就高兴得控制不住自己。按照此解释，"得意"应该是指：得志就高兴；而"忘形"则可以理解为控制不住自己。

在现实生活中见过不少得意忘形者。每每看到他们的滑稽表现，除了暗暗发笑，还多少感觉一点恶心。一般而言，得意忘形之后的结果往往都是不好的。所以当我看到他人忘形的时候就会告诫自己：事可以做大，话不能说大！官可以做大，人不能做大！正可谓"雁因视己轻而飞其高，海因视己低而纳百川"。尽管自己当不了大官，办不成大事，但也会时刻提醒自己，在任何时刻，都不能忘乎所以，得意忘形。

生活无非就是得意和失意两种状态。人人称道的大得意有：洞房花烛夜，金榜题名时，喜得贵子，功名成就，高官厚禄，左右逢源，春风得意，久旱甘雨，他乡知音……至于小得意嘛，便是俯拾皆是：菜场上多找了几毛钱，去商场碰到减价打折的，公交车捷足先登占了一个座位，让人请客享用了一次免费午餐，敲人竹杠得到了一件礼物，厚着脸皮索取了一份喜欢的物品……真视人生，生命苦短，不如意的事十有八九，果真有值得得意的事，得意一下也无可厚非。然而，得意和失意往往会在瞬间迅速转换。比如失马的塞翁，比如自以为春风得意的自我。可见，尽可以得意，却不可以忘形。

　　一个普通的人，在得意时会忘记付出时的辛劳，会忘记自己是谁，会忘记对待生活的态度，会迷失前进的方向。当有人夸其漂亮貌美的时候，她会把自己当作西施貂蝉；当有人夸其年轻时，她会报以十八岁的甜蜜微笑装嫩；当有几个人围着其转悠时，她会以为这就是众星捧月；当有人赞赏其才能无比时，他会以为这区区小地方已无法容纳；当有人奉承其见多识广时，他会感觉全球通就是他的代名词；当有人吹捧他德高望重时，他会错误地认为下一任首相非他莫属。他的存在感觉下一届中央主席非他莫属。凡此种种，都缘于对自己的认识不到位，定位不恰当，因而高估了自己，迷失了自我。于是乎，还会按照得意的拐点来修正自己未来之路、自己的人生观、世界观、价值观。

　　一个领导，包括大领导，小领导，得意忘形时会不知道他领导的是谁，不知道他的权力来自何方，不知道百姓赋予他的是什么职责。只知道手中有权，为水一方，仗势欺人，为所欲为；既要掌控经济财权，又要抓住人事大权；雁过拔毛，水过截留；大会小会，大呼小叫；趾高气扬，盛气凌人；目空一切，左斩右砍；顺我者昌，逆我者亡；吃饱喝足，钱袋饱胀；肆意挥霍民脂民膏，肥了自己，坑了百姓。终于有一天，贪污受贿，玩忽职守，受到查处，免职审查。忘形变成显形，官吏变成了草民。这就是得意之后的失意，忘形之后的代价。

　　人在得意的时候容易忘形，也许是人性的某种本能趋势。因为得意，人会变得飘飘然，把自己看得至高无上，鹤立鸡群，自我感觉良好，晕晕乎乎难以辨别方向。我说人生最大的悲哀莫过于无法找到理应属于自己的位置，而在不该属于自己的位置上抢占强占。也许你暂时得到了本不该属于你的东西，但这种好景不可能长久，一旦失去，又该如何面对？得意忘

形和不忘其行有着本质的区别。我认为，这是一个心理素质、经验深浅、理念和意识的综合性问题。素质高雅、经验丰富、理念端正、意识清晰的人，在得意之时是不会忘形而大肆张扬的，更不会忘乎所以而为所欲为。他们能够清楚地看到得意背后的隐患，他们更能掌控得意后的轻狂。就是这两种表象，两种境界，两种因果，给不同的人生铺就了两条通往不同终点和结局的道路。

与其在得意忘形后一落千丈，无人问津，门第冷落，到不如不忘其行谦逊行事，落一个好结果，好人缘，好口碑。

人是可以得意的，但绝对不可以忘形，因为今日的得意也许就是明日的失意，而为了明天的不失意，那就丢弃今日的忘形。

得意不忘形，失意也需不灰心。没有永远的得意与成功，只有永远的追求与前行。做人、做事、做企业，需要一颗平常心。王安石说，"宠辱不惊"不是说没有喜怒哀乐，而是指要有平常心，要不断提升自己的修养。

人的一生很少是一帆风顺的，往往是有起有落，时而顺境，时而逆境。在真正的智者面前，没有绝对的顺逆祸福。特别是在顺境得意之时，绝不要张扬，更不能狂妄。要做到顺逆不惊，在顺境的时候能够保持清醒的头脑，在逆境的时候能够保持良好的心态，谨慎处理各种事情。

然而有些人却不是这样，他们一旦获取了某项胜利、成就或者悦心之事，就会沾沾自喜，"飘飘然不知所以然"，给人有种忘乎所以的感觉。因此人们在取得成功、处在顺境的时候，如何使自己得意却不忘形，保持谦逊的态度，这也是一个人的修养和成熟的一种表现。不管我们取得的成绩成就多么骄人可喜，都不可骄傲自满，去干乐极生悲的蠢事，要在享受幸福快乐、享受成功喜悦的同时，真正做到得意而不忘形。

"得意时不忘形，失意时不失态"，这是一件说起来很容易，做起来相当难的事。中国文人，得意时最易忘形。《儒林外史》中的那个范进，一生醉心功名富贵，考了 20 多场，到 54 岁胡子都花白了，才中了个举人。这本来已是耻辱，绝对算不上得意，但他还是忘形了，因"欢喜狠了，痰涌上来，迷了心窍"，直至发疯。若不是他老丈人胡屠户那一记响亮的耳光，还清醒不过来！

中国文人，失意时也最易失态。还说《儒林外史》中那位与范进同名不同姓的周进。他苦读了半个多世纪的书，年过花甲仍是一个没有任何功名的老童生。有一次，他进省城看到了贡院，想起自己一辈子在考场上的失意与屈辱，竟痛不欲生地一头撞到贡院的号板上，"口里吐出鲜血"，差点儿一命呜呼。若不是旁边有人看他可怜，答应花钱替他捐个"监生"，他就在那了此一生！

所以，"得意时不忘形，失意时不失态"，并不是谁都能做到的。

在人生的旅途中，有阳关，也会有风雨；有笑容，也会有泪水。

当我们身处顺境的时候，我们要居安思危；当我们身处逆境的时候，我们要有"阳光总在风雨"后的信念；当我们因为成绩而沾沾自喜时，应该看到"山外有山"；当我们因为失败而垂头丧气时，应该清楚还有比自己更不幸的人。

生活中，有得意的时候，也有失意的时候。如果我们能做到"得意不忘形，失意不失态"，就能顺利地驾驶好人生的这座帆船，朝胜利的彼岸迈进、迈进、再迈进。

人在顺境的时候容易忘乎所以，失去警惕，往往会摔跟头；人在逆境的时候容易意志消沉，自暴自弃，失去前进的动力。所以，做人贵在以超然之心看待自己的得与失，得意时不忘形，失意时不失态。

2. 好心态总能搜索出快乐网站

心态决定人生，心态改变命运。成功人士与失败者之间的差别是：成功人士始终用积极的心态支配和控制自己人生，失败者则用消极的心态去看待和思考问题。正确对待人生的得与失，地位的升与降，财富的多与少。只要你真心付出，你已是一种成功。

好心态成就好人生，认真梳理情绪，做心情的主人；彻底扔掉自卑，带着自信上路；坦然面对得失，看重不如看开；养平常心态，走人生大路；选择快乐就会拥有快乐；勇敢面对生活中的挫折；要改变世界，先改变自己；坚持不懈，成功非你莫属。

心态若改变，命运就改变，心态年轻，人生才有活力，成功并不是一块固定的蛋糕，冷漠只能毁了你自己，乐观是人生的一笔重要财富，不要把冰霜结在脸上，别让自己陷入孤独的境地，抱怨无济于事，不如积极面对，保持健康向上的心态，改变态度便能改变生活。

好心态要靠自己去历练，换一个角度看问题，换一种心情来接受，快乐就不请自来，幸福也会翩然而至！

1969 年 7 月 20 日，由尼尔·阿姆斯特朗操纵"飞鹰"号登月舱在月球表面着陆，当天他跨出登月舱，踏上月面，成为第一个踏上月球的人，成为人类历史辉煌的见证者和创造者。但一同登月的还有一位叫奥尔德林的人，他虽未缔造人类的奇迹，但同样令人钦佩。

在庆祝登月成功的记者招待会上，有人问奥尔德林："作为同行者，阿姆斯特朗成为登陆月球的第一个人，你曾感到过遗憾吗？"原本以为这个较为刁钻的提问会让奥尔德林陷入尴尬的境地，孰料，奥尔德林轻松地说道："各位，千万别忘记了，回到地球时，我可是最先迈出太空舱的！"他环顾四周笑着说，"所以我是从别的星球来到地球的第一个人。"大家在笑声中，给予了他最热烈的掌声……

面对别人的快乐与成功，人们的心态也千差万别，有的快乐着别人的快乐，有的嫉妒着别人的快乐；还有的怨恨老天不公，毕竟这快乐没有降临到自己的身上。仔细想想，无论是怨恨还是嫉妒，都是在拿别人的快乐在惩罚自己！聪明的人则是与别人一同分享快乐！

一个善解人意的人，很容易行善积德，因为他可以不费吹灰之力，只要一句赞美，一个微笑或一颗真挚的分享的心，就可以给他人带去许多美妙的感觉。也许这只是小小的善，小小的德，但都是阳光的颗粒。不能和他人分享快乐，这就是致命的惩罚！也许多年之后，人们从史册上看到尼尔·阿姆斯特朗的名字，知道他的光辉事迹，逐渐淡忘奥尔德林，但他那种与他人真诚分享朋友快乐的美德将始终值得人们效法。他的这种心态，是从另一个角度看问题，与人分享生命中、生活中、工作中的美好的一面，忘却那些不快。这样的人因为有好心态，所以必将有好的生活。

英国著名文豪狄更斯曾经说过："一个健康的心态，比一百种智慧都有力量。"这句不朽的名言告诉我们一个真理：你有什么样的心态，就会有什么样的人生。有一句话非常经典："好心态是梦，苦也无惧；好心态

是根，暖慰心田；好心态是金，价值千万；好心态是缘，一世相牵；好心态是路，越走越宽；好心态是福，吉祥无边。"

人生的好坏，虽然很大程度上决定于机缘巧合及个人自身的努力，但是每个人幸福与否都是由自己的心态掌控的。积极的心态，善于从好的方面看事物，就像上例奥尔德林一样。相反，若是愤愤不平、斤斤计较，那么他就有可能陷入怨天尤人的怪圈，从而耽误了自己大好的前程。只有那些懂得分享的人，才能真正地从人生中发现乐趣，从而享受自己的所得。

一个人活得好与不好，关键在于你心态的搜索。如果你搜索了快乐，那么快乐的网站自然就会出现在你的眼前；点击希望，失望便会逃之夭夭。与其充满怨恨地生活，不如尝试改变一下自己的心态，学会分享他人的快乐和痛苦。要知道，并不是每个人都能获得大的成就，但只要你努力对待每件事情，只要你认真对待每一天，不管你的人生怎么样，都是精彩的。只要调整好自己的心态，生活的质量自然就会提高，生活自然就会变得幸福了，若是经常持开朗、开心的心态，苦恼就会少很多了。

有了一种乐观的分享的心态，我们就会发现从苦中品出甜来，从困境中看到希望，因而我们的人生必然色彩纷呈，绚丽缤纷。我们也在每一天中享受着它所带来的快乐。

无论干什么事情，你有什么样的心态，注定会有什么样的结果。好心态，迎来好生活，这一点都不过分。所谓，一念之差，天上地下。成功与失败，也只在于一念之差。而这一念是什么？

就是心态！！越坚定的人生，才能越开放，越开放的心态，才能越体会到生活中的快乐和幸福。

带着自信向前走，做心情的主人。快乐生活，不要唉声叹气，打开心灵的天窗，迎接快乐的阳光。情绪像野马，要学会驾驭，上帝只拯救能够自救的人。与其毁掉自己，不如笑对生活。心情好，活得才能更好，才更容易成功。要彻底扔掉自卑，带着自信上路。别把自己看扁了，相信自己能行。选择自信就是选择成功，自信是一种无形的资产，对自己说："我能行。"要学会独立，不要活在别人的目光里，不要总是依赖别人，事要靠自己干，路要靠自己走。自信决定了人生的方向，并使自己朝这个方向坚定迈进。

坦然面对得失，看重不如看开，左边放弃，右边开始。要放下生命不能承受之重，要放下内心的愁苦。宋朝人说：塞翁失马，今未足悲。楚相断蛇，后必有福。"失去是不幸的，但接踵而来的，可能是更大的得。在某种意义上，有失才有得。心境是可以调出来的，要懂得随遇而安，欲望面前适可而止，要身在福中知福。

美好是一道选择题。搜索快乐就会拥有快乐。没有绝对美好的人，只有不肯快乐的心。越简单就越快乐，将人生的起点放低一点，用心感受生活，快乐无处不在。

让我们每个人都有个好心态，每天都能搜索出快乐网站。

3. 简单生活里的简单禅意

有一个人去应征工作，随手将走廊上的纸屑捡起来，放进了垃圾桶，被路过的口试官看到了，因此他得到了这份工作。原来获得赏识很简单，养成好习惯就可以了。

有个小弟在脚踏车店当学徒，有人送来一部有故障的脚踏车，小弟除了将车修好，还把车子整理得漂亮如新，其他学徒笑他多此一举，后来雇主将脚踏车领回去的第二天，小弟被挖角到那位雇主的公司上班。原来出人头地很简单，吃点亏就可以了。

有个小孩对母亲说："妈妈你今天好漂亮。"母亲回答："为什麽?"小孩说："因为妈妈今天都没有生气。"原来要拥有漂亮很简单，只要不生气就可以了。

有个牧场主人，叫他孩子每天在牧场上辛勤的工作，朋友对他说："你不需要让孩子如此辛苦，农作物一样会长得很好的。"牧场主人回答说："我不是在培养农作物，我是在培养我的孩子。"原来培养孩子很简单，让他吃点苦头就可以了。

有一个网球教练对学生说："如果一个网球掉进草堆里，应该如何找?"有人答："从草堆中心线开始找。"有人答："从草堆的最凹处开始找。"有人答："从草最长的地方开始找。"教练宣布正确答案："按部就班的从草地的一头，搜寻到草地的另一头。"原来寻找成功的方法很简单，从一数到十不要跳过就可以了。

有一家商店经常灯火通明，有人问："你们店里到底是用什麼牌子的灯管？那麼耐用。"店家回答说："我们的灯管也常常坏，只是我们坏了就换而已。"原来保持明亮的方法很简单，只要常常更换就可以了。

住在田边的青蛙对住在路边的青蛙说："你这里太危险，搬来跟我住吧！"路边的青蛙说："我已经习惯了，懒得搬了。"几天后，田边的青蛙去探望路边的青蛙，却发现他已被车子压死，暴尸在马路上。原来掌握命运的方法很简单，远离懒惰就可以了。

有一只小鸡破壳而出的时候，刚好有只乌龟经过，从此以後小鸡就背着蛋壳过一生。原来脱离沉重的负荷很简单，放弃固执成见就可以了。

有几个小孩很想当天使，上帝给他们一人一个烛台，叫他们要保持光亮，结果一天两天过去了，上帝都没来，所有小孩已不再擦拭那烛台，有一天上帝突然造访，每个人的烛台都蒙上厚厚的灰尘，只有一个小孩，大家都叫他笨小孩，因为上帝没来，他也每天都擦拭，结果这个笨小孩成了天使。原来当天使很简单，只要实实在在去做就可以了。

有只小猪，向神请求做它的门徒，神欣然答应，刚好有一头小牛由泥沼里爬出来，浑身都是泥泞，神对小猪说："去帮他洗洗身子吧！"小猪讶异地答道："我是神的门徒，怎麼能去侍候那脏兮兮的小牛呢！"神说："你不去侍候别人，别人怎会知道，你是我的门徒呢！"原来要变成神很简单，只要真心付出就可以了。

有一支掏金队伍在沙漠中行走，大家都步伐沉重，痛苦不堪，只有一人快乐的走着，别人问："你为何如此惬意？"他笑着："因为我带的东西最少。"原来快乐很简单，拥有少一点就可以了。

所有的成功、快乐和幸福，都源于最最简单的道理。

4. 人生苦短，无须多哀

　　"人生苦短"是说一个人的生命历程是短暂的，但在这短暂的人生之旅中总要经历一些不幸和苦痛。

　　其实，"人生苦短"是人们对于自身的生命历程所发出的一种感慨，一种感叹。有位哲人曾经说过："人生犹如一条用痛苦和幸福串起来的项链。"是啊！谁又能说得清自己的人生从来都是那样的阳光灿烂、那样的愉悦无限呢？谁又敢说自己的人生之旅从未经历过不幸、挫折和苦痛呢？大凡一个正常的社会人，谁也不会拍着胸脯大声地表白自己的人生是如何的完美，如何的无暇。也许有的人可以这样表白：我的人生除了快乐与幸福，什么都没有了。果真如此吗？你所体验过的快乐与幸福，仅仅是你人生之旅中的一小部分，也就是你正在或已经体验过的人生片段。那么你还没有体验过的人生呢，就一定是快乐和幸福的吗？答案自然是"未必尽然"。因为你及你的家人总会有生老病死或突发事件所带来的不幸与苦痛；还会有学业、事业上的挫折和无奈而带给你的苦恼与失落；再就是家庭矛盾、情感摩擦所带给你的烦恼与焦心。可以说每个人的快乐、幸福的感受是相同的，但每个人的不幸、痛苦、挫折与烦恼却是不尽相同的。

　　当你平步青云，心境得意得如在行云流水之上，或者过着平静优雅的日子的时候，是很难想到"人生苦短"这四个字的，即使想了也品不出其中的味儿来。

当你落魄狼狈自觉无处藏身而无可奈何，或者在孤寡的日子里，是很容易想起"人生苦短"这四个有些凄清袭人的词汇上去的，因为潦倒的岁月能让你品出那苦苦的涩涩的味道来。

俗语说：人生一世，草木一春，枯荣难料。是啊，不知是老天故意捉弄我们的命运，还是人生本来就有一种颠簸不停的定格。有时候，我们想什么就是什么；有时候，我们不想什么却是什么都是——人生真是始料不及的一台戏。

我们可以消耗自身的欲念，却无法抵挡世俗的习性，不管怎样，你容光焕发，前程似锦，潇洒得意时，总有许多真心或虚伪的人追逐你、羡慕你、靠近你，有极少的人警示你、关注你、痛惜你。

可是，一旦你因为意料不到的缘故跌撞下来，到秦琼卖马，关羽走麦城，前景黯淡，穷愁潦倒的时候，总有许多真心或虚伪的人淡漠你、蔑视你、远离你、诽谤你，有极少的人鼓励你、靠近你、扶持你、体谅你。人生是残缺的，缺憾多于美满，烦恼多于快乐，直面现实就必须立面许许多多的不如意、不满意、不尽意。

我们不可能避免受到现实生活的种种磨难和冲击，我们都会经历痛苦，我们都会遭受失败。人生不如意十之八九，我们不能改变过去，但是我们可以把握未来；我们不能左右事情，但我们可以左右心情。放下过去，不管那是曾经的光荣还是伤痛，既然已经成为历史，就不要让它们停留在你的心头成为沉重的包袱。在人生的路上，只有懂得取舍，才会减少负担和忧愁，不要因为暂时的困难而却步，永远在心底保有对未来美好的渴望，并坚信这是自己一定能够实现的梦。不管生活多么艰辛，不管环境多么恶劣，我们要用一双天真的眼睛去看待事情，用一颗平常心去体会人

生，为人常思己过，处事知足常乐，珍视自己，奖励自己。给心灵洗个澡，清爽地面对人生。

跟大家分享一个有趣的寓言。

有一天，神创造了一头牛。神对牛说："你要整天在田里替农夫耕田，供应牛奶给人类饮用。你要工作直至日落，而你只能吃草。我给你50年的寿命。"

牛抗议道："我这么辛苦，还只能吃草，我只要20年寿命，余下的还给你。"神答应了。

第二天，神创造了猴子。神跟猴子说："你要娱乐人类，令他们欢笑，你要表演翻斤斗，而你只能吃香蕉。我给你20年的寿命。"猴子抗议："要引人发笑，表演杂技，还要翻斤斗，这么辛苦，我活10年好了。"神答应了。

第三天，神创造了狗。神对狗说："你要站在门口吠，吃主人吃剩的东西。我给你25年的寿命。"狗抗议道："整天坐在门口吠，我要15年好了，余下的还给你。"神答应了。

第四天，神创造了人。神对人说："你只需要睡觉、吃东西和玩耍，不用做任何事情，只需要尽情地享受生命，我给你20年的寿命。"人抗议道："这么好的生活只有20年，太短！"神没说话。

人对神说："这样吧。牛还了30年给你，猴子还了10年，狗也还了10年，这些都给我好了，那我就能活到70岁。"神答应了。

这就是为什么我们的头20年只需吃饭、睡觉和玩耍；之后的30年，我们像一条牛整天工作养家；接着的10年，我们退休了，不得不像只猴子表演杂耍来娱乐自己的孙儿；最后的10年，整天留在家里，像一条狗坐在门口看门……

就如上面的寓言所说，我们这一生其实就是这么过来的。人生这一杯酒或者说是一杯茶，能够在苦汁中尝出甜味来，在甜蜜中尝出苦涩来；不会喝的，甜时得意忘形，苦时呼天抢地。也许有人说，我不喝。可是无论怎样，只要你还是个人，便有了自己的人生，就得把这杯浓浓的或淡淡的或不浓不淡的酒或茶喝完，人的生死荣衰便在这里写尽它那漫长的章节。

谁也不希望都看暗无血色的生命，我们每个善良的人都愿一颗颗来到世间的纯美的心享有一份净美的幸福，因为人生应该有一种经历——曲、直、是、非、荣、辱、悲、欢……都是一种需要走过的风景，不然怎知生活的甜苦？

我们不仅仅是因为有值得快乐的事情才快乐，更重要的是，我们要为自己创造能够让自己快乐的事情。学会爱自己，照顾自己，用全部的爱来构建快乐家庭，用真心和诚意与人相处，对人友善，以从容的姿态对待生活，享受生活。

不管套在你颈上的"人生项链"是痛苦多一点，还是幸福多一点，这都是你人生的全部，可以说是你经历的完整的人生历程，否则你的人生就是有缺憾的。如果没有不幸，何以体现幸福？如果没有苦痛，何以体现快乐？如果没有烦恼，何以体现惬意？如果没有挫折，何以体现成功？请不要为你的不幸、苦痛、烦恼和挫折而耿耿于怀，也不要再为这些负面的人生经历而萎靡不振，以至影响你的精神状态。

我们要以一种平和的、健康的心态去对待生活中的各种不幸、苦痛、烦恼和挫折。因为日子还是要过的，尽管命运的安排有时是很无奈的。只要我们自己能够把握住自己，把那些不幸、苦痛、烦恼和挫折统统抛掷脑后，我们就会找到更多地快乐和幸福，何乐而不为呢？

5. 打开桎梏心灵的密码锁

　　有个人驾着一艘小船去参加朋友的婚宴。由于来客都是彼此熟悉的好友，酒席十分热闹，每个人都喝了不少酒。婚礼结束后，这个人向新郎告别，摇摇晃晃地走到停着小船的河岸边。

　　天色昏暗，他摸上船后，熟练而用力地摇桨。可是，划了半天他还没有抵达对岸，划着划着，就在浓浓的酒意下沉沉入睡了。

　　第二天一早，他在刺眼的阳光中醒来，睁开睡眼，一看四周景物才发现船仍停在原来的岸边，根本没有移动。他以为自己夜里撞见了鬼，吓得惊呼而起，没命地跳上岸边欲奔逃而去。

　　不料一上岸就被什么东西绊了一下，狠狠地摔了一跤，定神看去，原来是系船的缆绳。此刻绳结仍好端端地绑在码头的铁链上。

　　是什么成为你的束缚，让你止步不前？这是我们必须首先弄明白的问题。人生有许多无形的密码锁，一不留意，它就会牢牢地套住我们前进的双脚，桎梏我们的心灵。这些密码锁通常不易察觉，可是人却会深陷其中而无法自拔，言行举止完全被牵绊住了。这一股拉扯的力量，常常让人有心无力，人生的航程也因此而严重受阻。最可怕的是，这些密码锁里面隐藏着极大的杀伤力，并且会逐渐腐蚀心灵、磨损志气，等到生活变得一团糟时，往往还不知道原因在哪里。

只有解开隐藏着的桎梏密码锁，我们才能获得真正的自由，勇往直前，迈向光明之途。

然而"解铃还需系铃人"，那些锁是自己在不经意间长年累月缠锁上去的，必须细心才能解开，旁人只能告诉你解密的线索，而真正能解开的只有你自己。

快乐时撷取一片叶子，我们的面前会绚丽多彩，而在悲观中时摘下一片叶子，只能瓦解我们积攒的力量。情况是不断变化的，解决问题的方法也必须随之变；如果死抱以往的经验到处套用而不能挣脱心灵的桎梏，这种教条主义的做法就难免碰壁，难免贻笑大方。

妇孺皆知的寓言故事《守株待兔》，它讲述的是一个懒惰的人一天在回家的路上捡到一只撞死在树桩上的兔子，他便以为天天都可以捡到，就放下农活天天坐在树桩前等待，结果一事无成，他的行为让人耻笑。

不知变通、死守老经验的人很多，但敢于创新、打破旧观念的人也不少。

原国民党主席连战，果敢地跨过海峡，挺身来到大陆，与中国共产党领导人共商两岸和平大计。他说能够面对历史的人才是真正的勇者，他还说："我们不能一直活在过去，就像丘吉尔讲的，永远为了现在和过去在那里纠缠不清的话，那你很可能就失去未来。"连战知道情况在改变，现在的中国，大陆和台湾已不在是以前的局面了，他知道只有连手，才能开拓国民党的改革之路。他在中国人民心中是一个勇者，作为一个英雄，他将长久地留在 2005 年中国历史上。

同样的话从不同的人口中说出，会有不同的效果，同一件事在不同的时刻会有不同的结局。当我们自认为山穷水尽时，何不换个方法，解开桎梏心灵的密码锁，蓦然抬头，你会发现峰回路转，柳暗花明，前程广阔。

　　解开心灵的密码锁，获得人生真正自由。

6. 致谢于万物，感恩存心底

感恩是人生开悟的第一课。

西方有一个感恩节。那一天，要吃火鸡、南瓜馅饼和红莓果酱。那一天，无论天南地北，再远的孩子，也要赶回家。

总有一种遗憾，我们国家的节日很多，惟独缺少一个感恩节。我们可以东施效颦吃火鸡、南瓜馅饼和红莓果酱，我们也可以千里万里赶回家，但那一切并不是为了感恩，团聚的热闹总是多于感恩。

没有阳光，就没有日子的温暖；没有雨露，就没有五谷的丰登；没有水源，就没有生命；没有父母，就没有我们自己；没有亲情友情和爱情，世界就会是一片孤独和黑暗。这些都是浅显的道理，没有人会不懂，但是，我们常常缺少一种感恩的思想和心理。

"谁言寸草心，报得三春晖"；"谁知盘中餐，粒粒皆辛苦"。我们小时候背诵的诗句，讲的就是要感恩。滴水之恩，涌泉相报；衔环结草，以报恩德，中国绵延多少年的古老成语，告诉我们的也是要感恩。但是，这样的古训并没有渗进我们的血液，有时候，我们常常忘记了，无论生活还是生命，都需要感恩。

蜜蜂从花丛中采完蜜，还知道嗡嗡地唱着道谢；树叶被清风吹得凉

爽，还知道飒飒地响着道谢。但是，我们还不如蜜蜂和树叶，有时候我们往往容易忘记了需要感恩。没错，感恩的敌人是忘恩负义。但是，真正忘恩负义的人毕竟是少数，大多数的人常常对别人给予自己的帮助和情谊、恩惠和德泽，以为是理所当然，便容易忽略或忘记，有意无意地站在了感恩的对立面。难道不是吗？我们父母给予我们的爱，常常是细小琐碎却无微不至，不仅常常被我们觉得就应该是这样，而且还觉得他们人老话多，树老根多，嫌烦呢。而我们自己呢，哪怕是同学或是情人的生日，都不会错过他们的生日会，偏偏记不清父母的生日，就并不是什么奇怪的事情了。

懂得感恩的人，往往是有谦虚之德的人，是有敬畏之心的人。对待比自己弱小的人，知道要躬身弯腰，便是属于前者；感受上苍懂得要抬头仰视，便是属于后者。因此，哪怕是比自己再弱小的人给予自己的哪怕是一点一滴的帮助，这样的人也是不敢轻视、不能忘记的。跪拜在教堂里的那些人，仰望着从教堂彩色的玻璃窗中洒进的阳光，是怀着感恩之情的，纵使我并不相信上帝的存在，但我总是被那种神情所感动。

恨多于爱的人，一般容易缺乏感恩之情。道理很简单，这样的人，往往惟我独尊，一切都是他对，他从来都没有错，对于别人给予他的帮助，特别是指出他的错误弥补他闪失的帮助，他怎么会在意呢？不仅不会在意，而且还可能会觉得这样的帮助是多余，是当面让他下不来台呢。这样的人，心如冰冷板结的水泥地板，水是打不湿的，也难以能够钻出惊蛰的小虫来，鸣叫出哪怕再微弱的感恩之声来。

财富过大并钻进钱眼里出不来，和权力过重并沉溺权力欲出不来的人，一般更容易缺乏感恩之情。因为这样的人会觉得他们是施恩于别人的主儿，别人怎么会对他们有恩且需要回报呢？这样的人，大腹便便，习惯于昂着头走路，已经很难再弯下腰、蹲下身来，更难于鞠躬或磕头感恩于人了。

虽说大恩不言谢，但是，感恩一定不要仅发于心而止于口，对你需要感谢的人，一定要把感恩之意说出来，把感恩之情表达出来。美国曾经有这样一则传说，

一个村子里，一家人围坐在餐桌前吃饭，母亲端上来的却是一盆稻草。全家都很奇怪，不知道这究竟是怎么一回事，母亲说："我给你们做了一辈子的饭，你们从来没有说过一句感谢的话，称赞一下饭菜好吃，这和吃稻草有什么区别！"连世上最不求回报的母亲都渴望听到哪怕一点感谢的回声，那么我们对待别人给予的帮助和恩情，就更需要把感恩的话说出来。那不仅是为了表示感谢，就更是一种内心的交流，在这样的交流中，我们会感到世界因这样的息息相通而变得格外美好。

曾在报上看到这样一则消息：湖南两姊妹在小时候一次落水，被一个好心人救起，那人没有留下姓名就走了。两姊妹和她们的父母觉得，生命是人家救的，却连一声感谢的话都没有对人家说，发誓一定要找到这个恩人。他们整整找了 20 年，两姊妹的父亲去世了，她们和母亲接着千方百计地寻找，终于找到了这位恩人，为的就是感恩。两姊妹跪拜在地上向恩人感恩的时候，她们两人和那位恩人以及过路的人们都禁不住落下了眼泪。这事让我很难忘怀，两姊妹漫长 20 年的行动告诉我，到什么时候都不要忘记对有恩于你的人表示感恩。而感恩的那一瞬间，世界变得是多么的温馨美好。

感恩是一种处世哲学，是生活中的大智慧。感恩更是中华民族的传统

美德。"饮水思源"的古训家喻户晓,"滴水之恩当以涌泉相报"的思想老少皆知。千古绝唱"谁言寸草心,报得三春晖",表达了儿女对母亲的恩惠报答不尽的感情。感恩,也是一个正直的人的起码品德。赠人玫瑰,手留余香。一个经常怀着感恩之心的人,心地坦荡,胸怀宽阔,会自觉自愿地给人以帮助,助人为乐。

我们对于生活充斥了太多的要求,我们要求有更多的物质和金钱来点缀生活,我们要求有更好的职业和收入来满足我们内心的平衡,我们甚至要求有更美的容颜和更好的家庭背景作为我们生活的门面。我们对于生活充满了太多的抱怨,我们总是在抱怨世界回报我们的太少,总是在抱怨生活的不如意、工作的不得志,我们总是在抱怨世界变得太快,在似水流年里老了容颜,添了皱纹。

记得一位演员说过:上帝是公平的,给谁的都不会太多。当我们静下心来细细体会,这是一句经典的台词,上帝给了你智慧,也许就少了美丽的容颜;给了你健全的身体,也许就少了英雄的光环。如果你有海伦·凯勒的"假如给我三天的光明"的体验,如果你有霍金的轮椅生活,如果你有聋哑人用"千手观音"体会无声音乐的时候……爱无声的响起,泪无声的滑落,惊叹和感动之余,你还会对命运有如此的怨恨和抱怨吗?

学会感恩,应该是对待他人的一种积极态度;学会感恩,本质上就是对他人给予自己的好处,做出回应,做出回报,而不是漠视,而不是淡然处之;学会感恩,是用放大镜去看别人的优点;学会感恩,是温暖的阳光,照到哪里哪里亮;学会感恩,是感情的粘合剂。

"感恩"是一个人与生俱来的本性,是一个人不可磨灭的良知,也是现代社会成功人士健康性格的表现,一个人连感恩都不知晓的人必定是拥有一颗冷酷绝情的心。在人生的道路上,随时都会产生令人动容的感恩之事。且不说家庭中的，就是日常生活中、工作中、学习中所遇之事所遇之人给予的点点滴滴的关心与帮助，都值得我们用心去记恩，铭记那无私的人性之美和不图回报的惠助之恩。

　　感恩不仅仅是为了报恩，因为有些恩泽是我们无法回报的，有些恩情更不是等量回报就能一笔还清的，惟有用纯真的心灵去感动去铭刻去永记，才能真正对得起给你恩惠的人。

心灵回收站

修复心灵的漏洞 | 安装爱的补丁

卷十　注销过去的记录，重启人生的道路
Manament and dlog

　　因为年幼无知，我们总会犯些错误；因为生活压力，我们总要有所舍弃；因为成长蜕变，我们总是有所遗憾。但那些都不重要了。注销掉往日的不美好记录，每天都是一次重新开机，每秒都有机会重启人生。那么，请按下重启键，迎接一段新的旅程。

1. 人生重要的不是所在的位置，而是所朝的方向

姜尚因命守时，立钩钓渭水之鱼，不用香饵之食，离水面三尺，尚自言曰："负命者上钩来！"

太公姓姜名尚，又名吕尚，是辅佐周文王、周武王灭商的功臣。他在没有得到文王重用的时候，隐居在陕西渭水边一个地方。那里是周族领袖姬昌（即周文王）统治的地区，他希望能引起姬昌对自己的注意，建立功业。

太公常在磻溪旁垂钓。一般人钓鱼，都是用弯钩，上面挂着有香味的饵食，然后把它沉在水里，诱骗鱼儿上钩。但太公的钓钩是直的，上面不挂鱼饵，也不沉到水里，并且离水面三尺高。他一边高高举起钓竿，一边自言自语道："不想活的鱼儿呀，你们愿意的话，就自己上钩吧！"

一天，有个打柴的来到溪边，见太公用不放鱼饵的直钩在水面上钓鱼，便对他说："老先生，像你这样钓鱼，100年也钓不到一条鱼的！"

太公举了举钓竿，说："对你说实话吧！'我不是为了钓到鱼，而是为了钓到王与侯！"

太公奇特的钓鱼方法，终于传到了姬昌那里。姬昌知道后，派一名士兵去叫他来。但太公并不理睬这个士兵，只顾自己钓鱼，并自言自语道：

"钓啊，钓啊，鱼儿不上钩，虾儿来胡闹！"

姬昌听了士兵的禀报后，改派一名官员去请太公来。可是太公依然不答理，边钓边说："钓啊，钓啊，大鱼不上钩，小鱼别胡闹！"

姬昌这才意识到，这个钓者必是位贤才，要亲自去请他才对。于是他吃了三天素，洗了澡，换了衣服，带着厚礼，前往磻溪去聘请太公。太公见他诚心诚意来聘请自己，便答应为他效力。

后来，姜尚辅佐文王，兴邦立国，还帮助文王的儿子武王姬发，灭掉了商朝，被武王封于齐地，实现了自己建功立业的愿望。

人生里，不必时时刻刻地在意自己处于一个怎么样的高位里，也不必总是为自己有没有被重用而去怨天尤人。应当像姜太公一样，给自己准确的定位，知道自己要向什么方向发展。当你拥有足够的能力和名望时，机会便自己找上门来。

2. 积极的心态是最准确的人生罗盘

在你的身上，时时都随身携带着一个看不见的法宝，这个法宝的一边装饰着四个字——积极心态，另一边也装饰着四个字——消极心态。

人与人之间只有很小的差异，但这种很小的差异却往往造成了巨大的差异！很小的差异就是所具备的心态是积极的还是消极的，巨大的差异就是成功与失败。

成功人士的首要标志就是他的心态，如果一个人的心态是积极的，乐观地面对人生，乐观地接受挑战和应付困难，那他就成功了一半。

为什么会这样？

仔细观察，比较一下成功者与失败者的心态尤其是关键时候的心态，我们就会发现心态导致人生惊人的不同。

生活中，失败平庸者居多主要是心态观念有问题，遇到困难他们只是挑选容易的倒退之路，"我不行了，我还是退缩吧"，结果陷入失败的深渊。成功者遇到困难，仍然是积极的心态，用"我要！我能！"、"一定有办法"等积极的意念鼓励自己，于是便能想尽办法，不断前进，直至成功。爱迪生试验失败几千次，从不退缩，最终成功地创造了照亮世界的电灯。

因此，成功学的始祖拿破仑·希尔说，一个人能否成功，关键在于他的心态。成功人士与失败人士的差别在于成功人士有积极的心态。而失败人士则运用消极的心态去面对人生。成功人士始终用积极的思考、乐观的精神和辉煌的经验支配和控制自己的人生，失败人士是受过去的种种失败与疑虑所引导和支配的，他们空虚、猥琐、悲观失望、消极颓废，最终走向了失败。

运用积极的心态支配自己人生的人，拥有积极奋发、进取、乐观的心态，他们能乐观向上地正确处理人生遇到的各种困难、矛盾和问题。运用消极的心态支配自己人生的人，心态悲观、消极、颓废，不敢也不去积极解决人生所面对的各种问题、矛盾和困难。

拿破仑·希尔讲过一匹赛马的故事——约翰·格里尔是一匹著名的良种赛马，它曾经取得过许多次赛马比赛的好成绩。它被认为是1902年7月的比赛中的种子选手。事实上，它的确是很有希望获胜的，它被精心地照料、训练，并被广告宣传为唯一能获得一个机会击败在任何时候都占优势的赛马"战斗者"。1902年7月在阿奎德市举行的德维尔奖品赛中这两匹马终于相遇了。那天是一个极为庄严隆重的日子，万众瞩目着起跑点。当这两匹马沿着跑道并列跑时，人们都清楚"格里尔"是在同"战斗者"作殊死的搏斗。跑了四分之一的路程，它们不分高低，跑了一半的路程，跑了四分之三的路程，它们仍然不分高低。在仅剩八分之一的路程的地方，它们似乎还是齐头并进。然而就在这时，"格里尔"使劲向前窜去，跑到了前面。这时是"战斗者"骑手的危急关头，他在赛马生涯中第一次用皮鞭持续地抽打着坐骑，"战斗者"的反应是这位骑手似乎在放火烧它的尾巴，它就猛冲到前面，同"格里尔"拉开距离，相比之下，"格里尔"好像静静地站在那儿一样。比赛结束时，"战斗者"比"格里尔"领先七

个身长。

"格里尔"原是一匹精神昂扬的马，是一匹很有希望的马。仅是这次经历却把它打败了，将它的隐形护身符从积极心态翻到了消极心态的一面，从此消极、悲观、一蹶不振，后来它在一切比赛中都只是应付一下终于没再获胜。

人虽然不是赛马，但是有格里尔精神的人却大有人在，他们也像格里尔一样，在积极心态的指导下，也曾经有过辉煌的时刻，但是当他们一遇到挫折，则他们的护身符便由积极心态翻到消极心态那一面，他们悲观、失望，看不到希望的灯火，从此一败涂地。

积极心态具有改变人生的力量，虽然人人皆可达成，但有些人在实行时会发生困难。这是因为某些奇怪的心理障碍会导致积极思想的无效。一个人若是不断地怀疑、质问，那是因为他不想让积极思想发生作用。他们不想成功，事实上他们害怕成功。因为活在自怜的情绪中，安慰自己，总是比较容易的。有时失败是自己造成的。当别人提出新的建议（例如积极思想），这有助于我们渡过难关时，我们总是下意识地使这些方法没有用。这样，我们便认定是这个原则无效，而不是我们自己有问题。当我们了解正是这种不健康的心理因素作祟时，积极思想便开始发挥它的功用。

我们因为做错了某事感到内疚，便希望被人惩罚。如果仍无法纠正，我们往往通过失败来寻求自我惩罚。人性通常如此。要想改变这种情况，首先须将这些过错清除，负疚感才会随之消失，自我惩罚的行为也就不必要了。当这一过程完成后，积极思想这套原则便能发挥极大功效。

有时候，积极思想之所以无效，最重要的原因之一是，我们没有真正去实行这一原则。积极思想需要不断训练、学习及持之以恒。你必须乐意主动去实行，有时候要经过一段时间后才有成效。

　　本·霍根是一名非常出色的高尔夫球手，他自称去球场练球是"训练肌肉记忆力"。当他上场时，总是重复练习同一动作，直到他的肌肉都能"记住"动作的规律为止。我们的思考习惯也是如此。我们必须重复训练思维习惯，直到当我们遇到麻烦时，思维能如我们所希望的那样做出反应为止。也就是说，我们的大脑必须被训练成积极思考的模式。积极思想只有在你相信它的情况下才会发生功用，而且你必须将信心与思想过程结合起来。很多人发现积极思想无效，原因之一便是他们的信心不够。以小小的怀疑和犹豫，不停地给它泼冷水。因为他们不敢完全相信：一旦你对它有信心，便会产生惊人效果。

　　勇敢而大胆的心态——这是一切成功的法则。没有任何东西可以永远阻挡它。积极的心态可以集中一切力量，正如《圣经》中所说："只要你有信仰……你将无往不胜。"不再迟疑，不再怯懦，不再猜测，要勇敢而大胆地相信这一切，这就是胜利。

3. 享乐属于你的理想乐园

成长的历程中，我们接受着来自各种渠道的指导，最后不论你自己想决定做些什么的时候，发现自己已经似乎不再那么坚定地信任自己的判断了。要坚持自己认为正确的理想也不是一件容易的事。人们往往会被别人的思想所左右，即使最终你决定了并且为之实行了，你还是要承受着周遭不解地议论和异样的眼神。但是这些都不重要。只要这是正确的，值得做的，不会让你遗憾后悔的事，你就应该坚持。

一位刚过30岁的人，写信给一位百岁老人，诉说自己的苦衷。说自己从小就喜欢写作，可阴差阳错，却当了一名医生，可他对自己从事的职业一点也不感兴趣，他想改行从事写作，但又担心自己年纪太大，为时已晚。老人接到信后，立刻给这位医生回了一封信，信中说："做你喜欢的事，哪怕你现在已经80岁了。"这位医生收到信后，很受鼓舞，当机立断放弃了行医，拿起了笔杆，后来竟成了赫赫有名的作家，他就是日本的渡边淳一。而那位百岁老人也曾是美国弗吉尼亚州一位普通的农妇，名字叫摩西。在她76岁时因患关节炎放弃农活后，开始画画；80岁在纽约举办了个人画展，引起轰动；101岁辞世时，留下了1600幅作品。

一个国外调查机构曾围绕"职业与兴趣"这个主题对 1000 名职场人士进行调查，结果令人惊讶，竟有 38% 的人对自己从事的职业不感兴趣，而在这 38% 的人中，最后能脱离不感兴趣职业的人不足 3%。

明明对自己所从事的职业不感兴趣，为什么还要守在其中，留在里面？也许是为了生计，也许是为了安逸，也许是为了所谓的"前途"。但人生的前途绝不是在你自己不感兴趣的领域里，因为你想做的事才是你真正的天赋所在，才是你人生的成功点，才是你生命的寄托和精神的归宿。

有的人说，现实生活是残酷的，为了生存不得不做自己不愿意做的工作。而且，有的人似乎已经习惯了在忍耐中生活，能够真正有勇气改变现状的人并不多。

人的一生一直都在做两件事情。第一，生存下去（活着）；第二，就是保持快乐（痛并快乐着）。从需求层次论的角度来看，温饱第一，接着才有所谓的精神需求。但如果你对生活缺乏足够的勇气和魄力，那将是一件非常悲哀的事，你将永远处于环境和他人的摆布之下。只有拿出自己的魄力，做自己喜欢的工作，实现心灵的自由，才能保证你很开心——工作开心，生活开心；反之，只是按别人的想法生存，天天工作，天天发牢骚，既影响了自己的情绪和身心健康也难以做好工作。你将会对工作感到厌烦，心情郁闷，精神不振，将导致作息不正常，人际关系紧张。

心理学家认为，当一个人正在做自己喜爱的事情时，他的心情是最愉快的，态度也是最积极的，而且在这种情况下所发挥的才能也是最大的，最容易成功。在相对论中，有这样的一段论述：当一个小伙子独自一人坐在温暖的火炉旁时，他会觉得昏昏欲睡，仿佛一分钟就像一小时那么漫长。而当他和一个美丽的姑娘坐在冰天雪地里的时候，他就会觉得时间飞

逝，一小时就像一分钟那样的短暂。这段有趣的话，除了向我们通俗地解释了相对论之外，还告诉我们另一个道理：做自己喜欢做的事，你会觉得快乐无比，充满信心，干劲十足。

由此看来一个人在事业上取得的成就大小是和其本身的兴趣有着很大关系的。

在飞速变化的社会现实中，人们产生浮躁心理并不奇怪，是可以理解的。但是，一个人如果做自己喜欢的事，就永远不会浮躁。

汉德·泰莱是纽约曼哈顿区的一名神父。一天，教区医院里的一个病人生命垂危，请他过去主持临终前的祷告。他到医院后听到这样一段话："仁慈的上帝！我喜欢唱歌，音乐是我的生命，我的愿望就是唱遍美国。作为一名黑人，我实现了这个愿望，我没什么要忏悔的。现在我只想说，感谢您，你让我愉快地度过了一生，并让我用歌声养活了我的六个孩子。现在我的生命就要结束了，但死而无憾。仁慈的神父，现在我只想请您转告我的孩子，让他们做自己喜欢做的事吧，他们的父亲是会为他们感到骄傲的。"

一位流浪歌手，临终前能说出这样的话，让泰莱神父感到非常吃惊。因为这名黑人歌手的所有家当，就是一把吉他。他的工作是每到一处，把头上的帽子放在地上，开始唱歌。40 年来，他如痴如醉，用他苍凉的西部歌曲感染他的听众，从而换取那份他应得的报酬。

黑人的话让神父想起五年前自己曾主持过的一次临终祷告。那是位富翁，住在里士本区，他的忏悔竟和黑人的差不多。他对神父说，我喜欢赛车，我从小研究它们、改进它们、经营它们，一辈子都没离开过它们，这种爱好与工作难分开来，闲暇和兴趣结合的生活让我非常满意，并且从中还赚了大笔的钱,我没有什么要忏悔的。

流浪歌手临终时说的话和对富翁的回忆,使泰莱神父当晚就给报社写去了一封信,他写道,怎样度过自己的一生才不留下遗憾呢? 我想也许做到两条就足够了。第一条,做自己喜欢做的事。第二条,想办法从中赚钱。后来这两条就成了美国人公认的最不遗憾的活法。

兴趣不仅可以让人感到工作的快乐,减轻疲惫感。兴趣也是人生成功的助推器。做自己喜欢做的事,能使人忘却悲哀和劳累,获得平和充实的幸福感;做自己喜欢做的事是迈入成功殿堂的捷径,是疲劳的减压阀。人们要合理地对自己提出期望,一味地停留在原地踏步固然不对,但也不可以过高地对自己提出要求。成功会给人带来快乐,促使人不断进步,但从另一个方面来说,不切实际地过度追求成功则会使人痛苦。决定人苦乐感受的不只是成功与失败本身,而主要是人对某件事物所抱有的期望值。就是说,期望值越高,成功带来的满足感越弱,失败带来的挫折感就越强。

试试看,选择一种自己喜欢的工作,不再随波逐流,真实地面对自己,尊重自己内心的感受。冲破世俗的罗网,冲破内心的矛盾,真实地做一次选择,成为自己想成为的人,这时,可能会发现成功离你其实并没有那么遥远。对于那些以"现实残酷,身不由己"作为借口的人,不管现实是否真的残酷,总之选择了自己都不怎么感兴趣的职业,这都是一件违背自己本身意愿的事情。至少也是一件让自己不怎么开心的事情。

在人生的道路上,有的人害怕别人对自己指指点点、评头论足,从而做什么事都畏首畏尾。其实真正让自己失败的完全不是别人的话语、眼神和态度,而是自己内心的信念是否坚定。被人评头论足,这是再自然不过的事情了。只要你心如明镜,全力地做自己喜欢的工作,去自己想去的地

方，那些无谓的言语完全可以撇在脑后。这个世界上最快乐的往往不是最有钱、最有权力、最耀眼的人，而是懂得做自己、享受自己所爱的人。

做自己喜欢做的事，你才能像摩西和渡边淳一那样，找到真正属于自己的理想乐园。向着某种理想或希望全力以赴，使自己的生活朝着一个目标前进。

4. 耐心处理死机状态中的烦恼

人生中谁人都有烦恼。倘若将生活比作一台正常运作的电脑,那么,烦恼就像时不时出现的死机状态,突然一下死机了,忍着等系统修复好了,又会突然再次死机。也许,人们正是通过不断战胜烦恼,才获得新的人生高度。

有了不幸,如果只盯着不幸,那样只能永远不幸;倘若勇敢地去与不幸抗争,那么不幸就会成为幸运的开始。

当遇到烦恼时,要学会沉默。沉默是金,运用得好时,又是一种艺术。尤其是你饱受外在环境压力的摧折,恨不得对人狂吼怒叫以发泄心中的怨恨之际,你需要让沉默成为一种表达身心平衡,抑制精神亢奋的灵丹妙药,不借外力而能化解烦恼。

对生活中的一些事情要拿得起,放得下,沉得住,耐得烦。即使做错了事,造成了一定的损失,也不要使自己沉溺于悔恨而难以自拔的情绪中,因为过于计较或怨天尤人毕竟于事无补。当一个人的情绪压抑、苦恼、懊丧、委屈时,最需要的是一吐为快,把积聚于内心的悲愤发泄出来,心理压力可以在宣泄中得以减轻。但要宣泄有度,过则伤身害己。

人生在世,烦恼是躲不开的,只有接受烦恼的存在,并善于及时把烦

恼抛给昨天，才是拥有力量的表现，也是一个人的智慧所在。凡事放开看，人心比天宽。一个懂得自己活着是为了什么的人，是不会感到寂寞的；同样，一个活着而有所爱，有所追求的人，也是不怕寂寞的。

情绪有好有坏是正常的，就像月有圆有缺，天有阴也有晴。但是若长期处于一种不好的情绪里或情绪太不能自控，那就成问题了。

对待情绪，不能纵容它，否则，你就成了它的奴隶；不能压制它，否则，它必将给你带来身体或心理上的损害；不能欺骗它，否则，只能是自己害自己。

喜时容易失言，怒时容易失理。

忍得一时气，可免百日忧。

克制是上策，发火是蠢人。

理智是一切力量中最强大的力量。它有三果：一者思虑周到，二者语言得当，三者行为公正。一个人不管是在那最快乐、最惬意的时候，还是在最忧愁最恼火的时候，都要听从理智的指挥，切不可由着性子来。人的成熟离不开自身这样那样的痛苦经历。曲折，加速人的意志的成熟；挫折，培育人的性格的成熟。

与其悲叹自己的命运，不如相信自己的力量。能够控制自己的感情和抑制愤怒是最了不起的胜利者。你身旁有阴影，是因为你自己挡住了阳光，要将阴影甩到背后，那你就要朝着太阳的方向走。生活中成功者的成长和发展不是靠运气，而是一切源于理智。

人生常与不幸相伴。回避不幸，不会摆脱不幸；悲叹不幸，不会减弱不幸；屈服不幸，不会驱赶不幸。只有直面不幸和正确对待不幸，才能使不幸成为你走向成功的垫脚石。生活的烦恼需要有人分担，正如欢乐需要有人共享一样。我们不能改变过去，但可改变现在，我们不能主宰天气，但可以改变心境。

对生活环境中的一切，多欣赏，少抱怨，有不如意处，设法改善，坐而空谈，不如起而实行。情绪是一把双刃剑。积极热烈的情绪，犹如一团温暖的火苗，它可以使你精神焕发，干劲倍增；也可以像一把烈火，烧得你无精打采，萎靡不振。

积极愉悦的情绪可以提高人的活动能力，对人的行为起增力作用；消极不良的情绪会降低人的活动能力，对人的行为起减力作用。

事实上，一个人每时每刻都能保持心境平静和愉悦是不可能的，但做到理智地控制，调整自己的情绪则是可能的。当怒上心头时，赶紧把嘴张一张，默念着"要息怒"；当遇到难办的事情时，不要急躁，坚信"山重水复疑无路，柳暗花明又一村"；当烦恼临头时，转移注意力很重要，并积极参加一些文娱活动。

一个人被烦恼缠身，于是四处寻找解脱烦恼的秘诀。

有一天，他来到一个山脚下，看见在一片绿草丛中，有一位牧童骑在牛背上，吹着悠扬的横笛，逍遥自在。他走上前去问道："你看起来很快活，能教给我解脱烦恼的方法吗？"

牧童说："骑在牛背上，笛子一吹，什么烦恼也没有了。"

他试了试，却无济于事。于是，又开始继续寻找。

不久，他来到一个山洞里，看见有一个老人独坐在洞中，面带满足的微笑。

他深深鞠了一个躬，向老人说明来意。老人问道："这么说你是来寻求解脱的？"

他说："是的！恳请不吝赐教。"

老人笑着问："有谁捆住你了吗？"

"……没有。"

"既然没有人捆住你，何谈解脱呢？"

他蓦然醒悟。

由于我们的心态没有调整好，烦恼也就一个跟着一个而来。实际上，大多数烦恼都是无中生有。把心态调整好，问题会变得很简单，烦恼也就不驱而散。

烦恼是奋发有为的催化剂，是事业成功的前奏曲，在这种意义上也可以说是一种幸福。人无烦恼，就好像失去了生活的方向，在人海中漂泊流浪；人无烦恼，就不清楚自己的位置，也不确定去向。没有烦恼，我们便不清楚自己今天该干什么，因为我们不去想，我们也会过得很舒适；没有烦恼，我们便没有努力的动力。我们向往无忧无虑的生活，既然今天没有烦恼，我们就不去想怎么样才能让今天过得更有意义。也许你说，没有烦恼该多好啊，想干嘛就干嘛。对！但久了，就会陷入空虚无聊的地步。一旦空虚无聊便失去斗志，我们的这一生，谁都不想碌碌无为，但我们每一个人都是凡人，我们不是不能辉煌，而是我们的磨练不够，在战场上很少看到懒散的兵能打赢仗的，只要功夫到家，做事势必水到渠成。

烦恼让我们明白自己存在的价值，我们应该感到庆幸因为我们被需要。我们在解决自己的烦恼时也在帮助别人解决烦恼，没有我们的存在这些烦恼就会降临到别人的身上。有了烦恼，它能约束我们勤奋、努力的学习工作，让我们养成自强不息的品性；有了烦恼，它让我们的脚步更加稳健，让我们的每一天过得更加充实。也许烦恼为我们带来了很多不便，但它带给我们的更多的是激励，激励我们去努力。去享受努力过程中的汗水，这份汗水取代了以后后悔的泪水。

我们的这一生就是一大串不同的烦恼串联起来的，小时候有小时候的烦恼，长大了又有长大的烦恼，昨天有烦恼，明天还会有烦恼。我们始终逃脱不掉烦恼，但殊不知就因为这些烦恼激励着我们，让我们的生活更加丰富精彩。天道酬勤，一分耕耘，一分收获。只要你愿意付出努力，从烦恼中悟出真理，找出道路，你就前景光明。我相信谁的烦恼越多，谁的成就就越大，在奋斗中享受这个过程就是享受幸福的过程。

不要再为你那点小烦恼而愤愤不平了，你有烦恼，证明你没有行尸走肉地活着。等待你的，或许是进步，或许是成功。

永远记住生命的短暂，别为无聊的小事而烦恼。耐心地去处理死机状态中的烦恼问题吧。

5. 寻找自己的芬香

在现实生活中，人们总拿别人当参照物作比较，总希望自己比别人好。如果是通过这种类比来找差距，来励志超越，那自然是好事。但如果是比享受、比待遇，千方百计找关系，挖空心思挤他人，那势必走上歧路。有的人总是与他人比吃、比穿、比卡上的钱，比别人强时，则洋洋得意，趾高气扬；不如别人时，则心烦气急，愤懑不平。更有甚者，自己在业绩上不如别人，便拉别人的后腿，后腿也拉不住，便独自承受自卑心理的煎熬，这可是万万要不得的。

事实上，"天外有天，人外有人"，我们不可能在任何方面都比别人强，都胜过别人。太要面子的人，一味与强于自己的人比，结果由于心里的弦绷得太紧了，损耗精神，很难有大的作为。雨果在《悲惨世界》中说："全人类的充沛精力要是都集中在一个人的头颅里，全世界要是都萃集于一个人的脑子里，那种情况，如果延续下去，就会是文明的末日。"俗话说："闻道有先后，术业有专攻。"每个人都有自己的长处，也都有自己的短处，在这个世上都具有独一无二的价值，就像人的手指，有粗有细，有长有短，它们各有各的用处，各有各的美丽，你能说大拇指就比小拇指好吗？

　　其实，最好还是不与人比，重要的是做好你自己。每个人都有自己的生活方式，有自己存在的价值和理由，干嘛要和别人去比呢？如果心里难受，实在要比的话，倒不如把自己当作竞争对手，和自己比。拿自己的今天和昨天比，明天和今天比，使自己一天比一天充实，一年比一年长进。

　　常言道，尺有所短，寸有所长。人都是在不同的环境里生存的，都有自己的长处和生活天地。不要老把目光盯在别人身上，与别人相比，抱怨没有机会，而丢掉了自己怎样去创业的热情。

　　众所周知，马克·吐温才华横溢，是一位举世瞩目的著名作家。他的作品大量发行，使出版商获取了丰厚的利润。马克·吐温看到这情景，当时心理很不平衡，他觉得这个钱实在是不该被别人赚，于是自己开办了出版公司。而当他涉足出版行业后，才发现从事商业和写作完全是不同的两类活动。不久他的公司就身陷困境，接踵而来的债务危机，只能宣布破产。马克·吐温尝试到了挫折失败的滋味，在若干年还清债务后，方才领悟最适合自己从事的行业，其实还是写作。于是，他终于找到了真正属于自己喜欢走的道路。

　　名人的经历表明，只有挖掘和发展自己的优势，才是坚持走自己人生道路的有效途径。如果整日与别人攀比，反而会迷失方向，浪费精力和时间，到头来仍是贫穷愁苦，实在是得不偿失。

　　文化高水平的人姑且是如此，那么，普通平民百姓能否会获得成功吗？答案是肯定的。

　　说远一点，美国人比尔·盖茨，在日常生活中，既不与别人比，也不是盲目的夜郎自大，他知道生活中没有人会在意自己的自尊，唯有努力奋斗，用优异的成绩来向周围人证明自己的能力，结果他成功地进入全球富翁行列里。

　　说近一点，上世纪90年代末，在我国企业大兴下岗之风的时候，笔

者所在的地区，有一位基层供销社下岗职工贺某，没有怨天怨地，而是振奋精神，积极创办商贸零售连锁超市，短短十年时间，迅速将自己的企业在本地区建立了"联村、联片"固定的销售网络体系，同时开始跨地区、跨省发展，从而成为一家利税大户。目前该企业的规模，已跃居全国百强商贸零售企业，正在筹划上市。

因此，千万不要与别人去比。认真学习，踏实做事，离你的期望值越来越近，最终会达到事半功倍目的的。

一个很想有所成就的年轻人总是被失败所折磨，于是他开始怀疑自己。后来，他去拜访一位得道的禅师。年轻人向禅师诉苦："为什么我那么努力都无法得到自己想要的成就呢，而别人却总能顺利地实现自己的目标呢？"

禅师笑而不语，只问了年轻人一句话："说起'芳香'二字，你最先想到什么？"

"当然是香水了！我两个月前就开了一间化妆品店，专门卖世界名牌香水。虽然现在店铺已经关掉了，但我还是会时常想起那些沁人心脾的芳香！"

禅师听后，转而再问一名化学家同样的问题。

化学家答道："我最先想到的是'芳香氰'化合物。目前，我正在研究某些大分子量芳香族化合物的致癌作用，希望能有成果。"

之后，禅师又问一个诗人同样的问题。

诗人回答："当然是连天的花海、美貌的少女，还有迎风飞舞的蝴蝶了！这些都是我创作的源泉啊。"

年轻人不明白禅师的用意。这时，禅师又问一个老华侨这个问题。

这是一位自幼离家，在海外打拼半生，终于功成名就、荣归故里的富商。他的回答是："故乡灶台上母亲做的晚饭，故乡的山水、泥土和空气，所有这些对我来说，没有什么能比它们更芳香的了！"老华侨眼中涌动着泪花。

禅师再一次看向年轻人，问他："你对'芳香'的认识和这些人一样吗？"

年轻人摇摇头。

"那他们的认识又都相同吗？"

年轻人又摇摇头。

禅师微微一笑："其实我们每个人在生活中都有属于自己的芳香，那是独一无二的芳香。所以，我们不要只顾着关心别人，只顾着关心他们如何欣赏自己的芳香，却忘了你那与众不同的芳香……"

年轻人豁然开朗。

每个人的一生都在忙碌着，探索更好的自我，时间长了甚至忘了那个真正的自我，忘了那属于自己的芳香。其实，不论任何时候，属于自己的才是最好的。

一朵再不起眼的小花，都有属于自己的芳香和美丽。所以，不要跟别人比，不要盲目羡慕别人拥有的东西，应该正视并珍惜自己，运用自己的才华去努力开创一片天地。只有这样，你才不辜负自己独有的芳香。